主办 中国建设监理协会

中国建设监理与咨询

20

2018 / 1
总 第 20 期

CHINA CONSTRUCTION
MANAGEMENT and CONSULTING

U0202630

中国建筑工业出版社

图书在版编目（CIP）数据

中国建设监理与咨询. 20/ 中国建设监理协会主办.—北京：中国建筑工业出版社，2018.3
ISBN 978-7-112-21925-4

Ⅰ.①中… Ⅱ.①中… Ⅲ.①建筑工程—监理工作—研究—中国 Ⅳ.①TU712.2

中国版本图书馆CIP数据核字（2018）第045367号

责任编辑：费海玲　焦　阳
责任校对：张　颖

中国建设监理与咨询　20

主办　中国建设监理协会

*

中国建筑工业出版社出版、发行（北京海淀三里河路9号）
各地新华书店、建筑书店经销
北 京 嘉 泰 利 德 公 司 制 版
北京方嘉彩色印刷有限责任公司印刷

*

开本：880×1230毫米　1/16　印张：7$\frac{1}{2}$　字数：300千字
2018年2月第一版　2018年2月第一次印刷
定价：**35.00**元
ISBN 978-7-112-21925-4
（31845）

编辑部

地址：北京海淀区西四环北路 158 号
　　　慧科大厦东区 10B

邮编：100142

电话：（010）68346832

传真：（010）68346832

E-mail：zgjsjlxh@163.com

20
2018 / 1
总第20期
CHINA CONSTRUCTION
MANAGEMENT and CONSULTING

中国建设监理与咨询

目录 CONTENTS

■　项目管理与咨询

■　创新与研究

■　人才培养

■　企业文化

《中国建设监理与咨询》编委座谈会在杭州召开

2017 年 12 月 15 日，中国建设监理协会在浙江杭州市召开《中国建设监理与咨询》编委及协办单位座谈会，共有 40 余名编委及协办单位负责人参加此次会议。中国建设监理协会副会长兼秘书长修璐、副会长王学军出席会议并讲话。会议由中国建设监理协会副秘书长温健主持。

会议首先由中国建设监理协会副会长王学军发言。王会长就《中国建设监理与咨询》的发展提出了自己的想法和意见。一是要领会十九大精神，把握改革发展脉搏，促进监理行业健康发展；紧密关注有关政策变化，配合协会开展政策解读和宣传贯彻活动。二是要认清形势，找准刊物定位，使刊物成为行业权威信息的报道平台、行业发展正能量的宣传平台、监理成果的展示平台及行业热点难点问题的交流平台。三是要携手努力，共同做好《中国建设监理与咨询》的出版发行工作。

信息部副主任孙璐回顾总结了 2017 年《中国建设监理与咨询》的工作情况，并对 2018 年工作建议进行了介绍。

会议还进行了工作交流。浙江省建设工程监理管理协会分享了协会在通讯员队伍管理、专家审稿等工作上的有益做法。山西省建设监理协会孟慧业副秘书长以《博采众长兼收并蓄 措施叠加永葆生机》为题就重视文化魂、责任与担当、措施叠加、提档升质等作分享交流。

会上，编委们对如何办好《中国建设监理与咨询》建言献策，就扩大稿源、提高稿件质量、2018 年焦点等问题提出了中肯的意见。编委的意见和建议针对性很强，对《中国建设监理与咨询》编辑部的工作有很大的启发和帮助，同时对刊物的可持续和健康发展起到了积极的促进作用。

中国建设监理协会副会长兼秘书长修璐做会议总结，修会长就 2018 年办刊工作提出四点意见，一是办刊思路要创新发展，与时俱进。二是促进刊物发展信息化建设。三是全面提升刊物质量，满足服务发展需要，促进刊物健康发展。四是抓好重大事项刊物的宣传平台作用。修会长希望，经过大家的努力，让刊物名副其实，努力发展成代表监理行业最高水平、最有价值的指导刊物。

山西省建设监理协会在太原召开山西监理2017年度通联工作会

11 月 24 日，山西监理 2017 年度通联工作会在太原召开。参加会议的有会长唐桂莲、理论研究会主任张跃峰、秘书长林群、专家委员会秘书长庞志平、协会副会长陈敏、副秘书长孟慧业和"两委"成员以及会员企业分管领导、通联员近 200 人。会议由陈敏副会长主持。

大会首先由孟慧业副秘书长作题为《倾心构筑通联桥梁 竭力践行文化自信》的工作报告。《报告》分别从协会层面的多措并举、宣传表彰、助推发展、理论研究等方面和会员企业的信息化建设、文化创新等方面总结 2017 年通联工作，并对下步工作就加强会刊栏目创新、加大理论研究力度、注重行业诚信自律建设、发挥通联队伍生力军作用、推动企业信息化建设等作了安排。

接着由"两委"张跃峰、林群、庞志平三位负责相关工作的同志分别宣读协会"关于表彰参加全国三次监理论文大赛获奖作者"以及"表彰2017年度通联工作成绩突出先进集体和优秀个人"的五个决定。

随后，"理工大成"总工庞志平以《以理论研究为抓手 促通联工作上台阶》为题，就公司为推进通联工作而采取提高思想认识、建立责任和考核制度、健全通联队伍、完善监督激励机制等举措作了交流。他们"制度来推动、责任加压力、考核保完成"的经验分享让与会代表深受启发。

最后，唐桂莲会长首先对受到表彰的先进集体和优秀个人表示祝贺，同时也向多年奋战在理论研究一线的老专家、全体通联员表示诚挚感谢。唐会长如数家珍、情深意重地简要回顾总结十年来通联工作和理论研究的艰辛过程和感受，并殷切希望广大通联员要像名人所讲："做什么要像什么"。用"行胜于言"的科学精神投入岗位工作，用"行成于思"的文化精神推动行业通联，以时间的长度叠加知识的高度，用服务的精准度构筑桥梁的适宜度，以用心的深度助推行业发展的速度。为行业通联工作的美好明天而不懈奋斗！

（孟慧业　提供）

天津市建设监理协会召开 2017 年通讯员会议

2018年1月11日下午，天津市建设监理协会2017年通讯员工作会议在水上公园今晚人文艺术院召开。协会马明秘书长出席会议，协会百余家会员单位的通讯员按时参加了会议。

会议全面总结了2017年协会通讯员工作，对协会2017年度完成的各项工作任务进行了简要的汇报总结，对通讯员2018年的工作提出了鼓励，让通讯员充分感受到协会对企业通讯员工作的重视，以及各自肩负的使命感，积极发挥通讯员队伍作用。

会上，对协会近期制定的天津市建设监理从业人员业务培训管理实施细则、天津市先进监理企业评选办法、天津市优秀总监理工程师优秀专业监理工程师评选办法进行了宣贯，对重点的条文进行了解读并进行了现场答疑，为之后三个文件的落实与实施筑牢基础。

马明秘书长在总结发言中，简要传达了协会近期召开的理事会、理事长办公会的会议精神，并对协会近期即将开展的培训、评先工作提出了要求，通报了协会理事会通过的"三个办法"、协会团体标准制定情况与注销天津市天津建设监理培训中心的工作。希望通讯员们作为协会和企业共同发展的支撑，肩负起重要责任，在2018年的工作中，配合协会落实完成好各项工作任务，共同促进天津市监理行业的发展。

（张帅　提供）

北京市建设监理协会第六届二次理事会在北京召开

2017 年 12 月 19 日，北京市建设监理协会第六届二次理事会在中国电工大厦隆重召开。中国建设监理协会副秘书长温健、市住建委质量处正处级调研员于扬到会并讲话，市监理协会会长李伟、76 位理事、5 位监事及协会秘书处工作人员共计 95 人参加会议。

会议由会长李伟主持，会议主要分为两个阶段进行，第一阶段通报协会工作情况，第二阶段颁发常务理事单位、理事单位、监事单位证书。

首先，李伟会长简要介绍了 2017 年协会基本工作。一是监理行业示范工程的检查比选，监理作用主要体现在三个方面：保底线、独立性、技术补充，通过示范项目、创新工作、项目履职，树立典型，推行好的做法；二是大力推广《监理资料标准化指南》团体标准，通过两本指南的培训、宣贯、开展知识竞赛，监理人员整体水平得到显著提升，效果令人振奋，同时让年轻人更多地感受到获得感、使命感、荣誉感；三是课题研究工作进展顺利，主要包括监理报告制度试点研究、材料构配件设备质量管理研究、装配式建筑质量控制方法研究、安全管理的监理标准化研究等；四是协会近期组织编写了《监理规程应用指南》一书。

第二阶段由李伟会长颁发了北京市监理协会第六届理事会常务理事单位、理事单位、监事单位证书。会后全体合影留念。

大会发放了《开拓创新再续辉煌 20 周年活动锦集》《资深监理人论文集》，同时下发"关于监理协会创新研究院办理工商注册股东单位和加盟单位确认说明"和"行业贡献绩点统计管理办法（征求意见稿）"等资料。

（张宇红　提供）

宁波市监理与招投标协会召开全过程工程咨询研讨暨企业转型升级创新发展交流会

为贯彻落实《国务院办公厅关于促进建筑业持续健康发展的意见》《住房城乡建设部关于促进工程监理行业转型升级创新发展的意见》《浙江省人民政府办公厅关于加快建筑业改革与发展的实施意见》等文件精神和市住建委关于促进宁波市建筑业发展、开展全过程工程咨询试点工作要求，2017 年 12 月 1 日下午，宁波市监理与招投标协会在金港大酒店召开了全过程工程咨询研讨暨企业转型升级创新发展交流会。全市工程监理与招标代理企业主要负责人和业务骨干，以及部分区县（市）有关部门负责人共约 370 人参加了会议。

会上，宁波市监理与招投标协会副会长兼秘书长金凌同志做了动员讲话，对国家和省市各级管理部门关于推行全过程工程咨询、促进行业转型升级创新发展的政策要点进行了宣贯，并对宁波市工程监理和招标代理企业提出了四点要求：一要紧跟形势，把握机遇；二要找准定位，明确方向；三要重视人才，夯实基础；四要强化创新，优化供给。同时她希望全市工程监理和招标代理企业在推行全过程工程咨询中发挥积极作用，成为主力队伍。

上海同济工程咨询有限公司总经理兼同济大学研究生导师杨卫东教授应邀在会上介绍了他对全过程工程咨询的内涵与特征、服务范围和内容、委托方式、市场准入、组织模式、服务模式、企业能力建设、服务酬金、政府监管、面临的挑战与对策等共 12 个方面的思考与认识，为参会人员系统理解全过程工程咨询含义、消除疑问、厘清思路、开展全过程工程咨询服务提供了十分有益的帮助。同时他介绍的由同济公司完成的全过程工程咨询服务案例，为宁波市企业做好全过程工程咨询工作提供了借鉴。此外，他还介绍了同济公司转型升级创新发展的历程，分享了成功经验。

会议向参会人员免费提供了《全过程工程咨询相关政策文件汇编》《工程咨询方法与实践》以及中国建设监理协会、中国招标投标协会近期召开的以全过程工程咨询和转型升级创新发展为主题的会议交流材料等书籍、资料，供参会人员和企业会后进一步学习。

（包冲祥　提供）

上海市建设工程咨询行业协会举办 2018 年度第一次常务理事会暨新年音乐会

2018 年 1 月 17 日下午，假座上海市建设工程咨询行业协会在上海音乐厅南厅召开 2018 年度第一次常务理事会暨新年音乐会。会长、副会长、秘书长、常务理事以及特邀的监事会及委员会代表近百人出席，夏冰会长主持会议。

此次活动分两部分进行。首先召开协会常务理事会议，夏冰会长在会上致辞并作重要讲话，他指出：2018 年协会将着力提升行业水平、树立行业地位，倾力打造"四平台一体系"（即研发平台、培训平台、交流平台、信息化平台以及诚信体系），在保证常规工作的基础上、着重做好十个方面的工作：一是加强政策研究，把握行业发展方向，整合行业专家库资源，建立行业智库。二是加强课题研究工作，完善行业标准体系，开展行业有关服务标准、取费标准的研究，发布新版的《建设工程项目管理服务大纲与指南》。三是大力开展各类专项培训，切实提高专业服务水平，开展针对项目经理、项目负责人的相关认证培训；打造精英人才队伍，研究针对新一代企业家的培养课程，开设"优秀青年企业家研修班"。四是加强交流合作，建立与国内外相关协会、学会等专业机构交流协作的平台，定期组织会员企业考察调研。五是加强针对个人的交流平台，筹建上海市建设工程咨询行业执业人士服务部，致力服务行业专业人士；筹建上海市建设工程咨询行业青年会，搭建行业青年人才交流平台。六是开展行业研讨及论坛，组织"纪念改革开放 40 周年"暨"建设监理推行 30 周年"系列活动，举办项目管理、全过程咨询、PPP、"一带一路"等小论坛或研讨会。七是加强信息化建设，开展行业统计及信息化调研，发布行业年度发展报告，发布信息化工作指南。八是研究开发协会移动端管理软件，在做好微信公众号的基础上推出协会 APP，实现与个人手机交互的信息化管理。九是加强行业自律建设，完善诚信体系，开展业内有关企业的信用评价研究，并逐步实行执业人员的自律登记制度。十是加强党的领导，加强协会自身建设以及行业文化建设，努力打造一支年轻化、专业化的队伍，更好地服务企业、服务行业。

会上，秘书长徐逢治还就协会几项重要事项与会人员做了通报。

本次活动的第二部分为新年音乐会，也是协会首次尝试举办新年音乐会。此次特别邀请到了上海音乐家协会会员、上海文艺评论家协会会员、上海交响乐爱好者协会副会长、上海大剧院艺术评审专家、《音乐爱好者》杂志特邀记者、《新民晚报》特约作者，同时也是沪上著名的乐评人李严欢作音乐会主持及讲解。

湖北省民政厅检查组到湖北省建设监理协会检查指导工作

2017 年 12 月 29 日，湖北省社会管理局一行在杨勇局长的带领下到湖北省建设监理协会检查指导工作。

周佳麟秘书长代表省协会分别从协会基础条件、内部治理、工作绩效、社会评价等四个方面作了汇报。

省厅检查组一行对协会软件资料进行了一一审查，检查过程中，杨局长反复核对账目、反复询问相关负责人，并不时提出指导意见、指出下阶段工作方向。

最后，杨局长代表检查组对检查的情况进行了反馈，并要求协会在行业发展规划、行业自律、会讯会刊、会计核算制度等方面进一步加大工作力度和完善工作制度，提升行业协会影响力。检查具体综合评分情况，待检查汇总完后张榜公布。

最后，刘治栋会长作了表态发言，协会将以这次检查为契机进一步加大工作力度，牢记协会宗旨，补短板化弱项，真正把协会建设成有一定影响力的社会组织。

（周佳麟 提供）

全国住房城乡建设工作会议召开

2018 年 12 月 23 日，全国住房城乡建设工作会议在京召开。住房城乡建设部党组书记、部长王蒙徽全面总结了五年来住房城乡建设工作成就，提出今后一个时期工作总体要求，对 2018 年工作任务作出部署。

会议指出，党的十八大以来，在以习近平同志为核心的党中央坚强领导下，全国住房城乡建设系统认真贯彻落实党中央、国务院决策部署，住房城乡建设事业蓬勃发展，成就斐然。人民群众住房条件明显改善，建筑业持续快速发展，城市发展成就举世瞩目，农村危房改造成效显著，党的建设进一步加强。

会议强调，今后一个时期，做好住房城乡建设工作，要全面贯彻落实党的十九大精神，以习近平新时代中国特色社会主义思想为指导，牢固树立"四个意识"，坚决贯彻落实党中央、国务院决策部署，坚持稳中求进的工作总基调，坚持新发展理念，紧扣我国社会主要矛盾变化，着力解决住房城乡建设领域发展不平衡不充分问题，按照高质量发展要求，统筹推进"五位一体"总体布局和协调推进"四个全面"战略布局，坚持以供给侧结构性改革为主线，推动住房城乡建设发展质量变革、效率变革、动力变革，在新时代中国特色社会主义新征程中，谱写住房城乡建设事业发展新篇章，为决胜全面建成小康社会、全面建设社会主义现代化国家作出新的更大的贡献。

会议要求，2018 年，全国住房城乡建设系统要认真贯彻落实中央经济工作会议精神，重点做好以下工作。一是深化住房制度改革，加快建立多主体供给、多渠道保障、租购并举的住房制度。二是抓好房地产市场分类调控，促进房地产市场平稳健康发展。三是全面提高城市规划建设管理品质，推动城市绿色发展。四是加大农村人居环境整治力度，推进美丽乡村建设。五是以提升建筑工程质量安全为着力点，加快推动建筑产业转型升级。六是不断加强党的建设，推动全面从严治党向纵深发展。

会议号召，全国住房城乡建设系统要紧密团结在以习近平同志为核心的党中央周围，全面贯彻落实党的十九大精神，以抓铁有痕、踏石留印的劲头和钉钉子精神，以永不懈怠的精神状态和一往无前的奋斗姿态，奋力谱写新时代住房城乡建设事业发展新篇章，为决胜全面建成小康社会、夺取新时代中国特色社会主义伟大胜利、实现中华民族伟大复兴的中国梦、实现人民对美好生活的向往而不懈奋斗！

中央纪委驻部纪检组组长石生龙，住房城乡建设部副部长易军、陆克华、倪虹、黄艳，党组成员常青出席会议，易军作总结讲话。各省、自治区住房城乡建设厅、直辖市建委及有关部门、计划单列市建委及有关部门主要负责人，新疆生产建设兵团建设局主要负责人，党中央、国务院有关部门司（局）负责人，中央军委后勤保障部军事设施建设局负责人，中国海员建设工会有关负责人，部机关各司局、部属单位主要负责人以及部分地级以上城市人民政府分管住房城乡建设工作的副市长出席了会议。

（冷一楠收集　摘自　《中国建设报》）

新版《〈福建建设监理〉特约通讯员管理办法》出台

为提升《福建建设监理》会刊品质，更好地为福建省监理企业和广大监理从业者提供全方位、立体、多层次的工程监理与管理前沿信息服务，福建省工程监理与项目管理协会（以下简称"省监协"）以闽监管协 [2017]45 号批准发布了 2017 年新版《〈福建建设监理〉特约通讯员管理办法》（以下简称"新版通讯员管理办法"）。

2017 年新版通讯员管理办法共 6 条，对特约通讯员的申报条件、权利与义务、提供稿件的要求、聘用与管理、考核五个方面进行了系统的规定，并设立了两个附件，分别为《福建建设监理》特约通讯员推荐表、《福建建设监理》特约通讯员积分办法。

亮点展示：一是积分制。结合福建省监理行业通讯员工作实际，对不同种类的稿件（撰写论文、推荐论文、撰写简讯、推荐简讯），对采纳和未采纳的稿件给不同的积分予以差异化管理，提高了稿件积分的科学性，激发了特约通讯员的工作积极性，有效解决了部分通讯员开展协会通讯工作懒散的局面，使得会刊在数量和质量方面进一步提升。二是奖罚制和清出制。对积分高的特约通讯员实行奖励，对年度考核不合格者取消资格。

我们有理由相信，福建省 2017 年新版通讯员管理办法的颁布与实施，将进一步激发广大特约通讯员的工作热情，扩大工程监理好做法与好经验的宣传力度，展示最新的监理成果和创新面貌，为推动福建省监理行业大发展、大繁荣贡献智慧。

（林杰　提供）

甘肃省建设监理协会举办建设工程监理企业信息技术应用经验交流会

为推动 BIM 等现代技术在工程监理全过程的集成应用，实现工程建设项目全生命周期数据共享和信息化管理，促进工程监理行业提高监理服务质量，增强工作实效。甘肃省建设监理协会于 2018 年 1 月 10 日在兰州举办了建设工程监理企业信息技术应用经验交流会。来自全省监理企业的代表参加了会议，有 7 人作了交流发言。

甘肃省建设监理协会会长、省建设监理公司董事长、党委书记魏和中介绍了 2017 年 7 月 26 日在西安召开的全国建设工程监理企业信息技术应用经验交流会的盛况，与大家共同分享了甘肃省建设监理公司在信息化技术研发、应用、推广等方面取得的五项成果："BIM 技术应用""企业信息化管理系统""现场检查验收系统""无人机航拍技术"和"机车仿真模拟技术"。他的讲解深入浅出，引发强烈反响。

甘肃省建设监理公司 BIM 主任李燕燕、甘肃省人民医院 7 号、8 号楼项目总监代表周海就信息技术应用作了讲解。甘肃工程建设监理公司 BIM 主任陶博文、甘肃工程建设监理公司技术质量部主任吕文夫、甘肃三轮建设项目管理公司副总经理许可鹏、天水建筑设计院总工程师王志强分别作了交流发言，从不同侧面反映了甘肃省省建设监理行业信息技术发展与应用状况。

《建设工程监理规程》大型公益讲座圆满成功

为了更好地贯彻理解《建设工程监理规程应用指南》的实施准则及主要宗旨，并根据当前建筑市场需求解读有关"超低能耗绿色建筑（俗称"被动房"）技术管理要点"，市监理协会于 2018 年元月 22 日举办大型公益讲座。186 家监理单位工程技术人员、资料管理知识竞赛获得决赛资格的 8 名人员共计 200 余人参加。

公益讲座由会长李伟主持，分为两个阶段：第一阶段解读《建设工程监理规程应用指南》，第二阶段解读"超低能耗绿色建筑技术管理要点"。

首先，李伟会长解读了《建设工程监理规程应用指南》一书。该指南分为三部分，第一部分概述，主要包括规程的编制工作过程、规程的特点等；第二部分条文解析，主要包括规程条文、条文说明和条文解析；第三部分附录说明和填表说明。

第二阶段由方圆项目管理公司项目经理李迎春解读"超低能耗绿色建筑技术管理要点"。一是建筑节能项目发展历程，二是建筑节能项目技术知识要点，三是建筑节能项目现状与差距。

最后，李伟会长总结了召开本次公益讲座的目的和意义。提出利用冬闲时间：一是加强学习新版《建设工程监理规程应用指南》，二是学习装配式建筑质量控制方法，三是学习十九大报告。

会上，赠送参加人员《建设工程监理规程应用指南》和《北京市建筑工程政策汇编》一书。

（张宇红　提供）

住房城乡建设部关于开展工程质量管理标准化工作的通知

建质[2017]242号

各省、自治区住房城乡建设厅，直辖市建委，新疆生产建设兵团建设局：

为进一步规范工程参建各方主体的质量行为，加强全面质量管理，强化施工过程质量控制，保证工程实体质量，全面提升工程质量水平，现就开展工程质量管理标准化工作提出如下指导意见：

一、指导思想

深入学习贯彻党的十九大精神和习近平新时代中国特色社会主义思想，全面落实《中共中央国务院关于进一步加强城市规划建设管理工作的若干意见》《中共中央国务院关于开展质量提升行动的指导意见》《国务院办公厅关于促进建筑业持续健康发展的意见》要求，坚持"百年大计、质量第一"方针，严格执行工程质量有关法律法规和强制性标准，以施工现场为中心，以质量行为标准化和工程实体质量控制标准化为重点，建立企业和工程项目自我约束、自我完善、持续改进的质量管理工作机制，严格落实工程参建各方主体质量责任，全面提升工程质量水平。

二、工作目标

建立健全企业日常质量管理、施工项目质量管理、工程实体质量控制、工序质量过程控制等管理制度、工作标准和操作规程，建立工程质量管理长效机制，实现质量行为规范化和工程实体质量控制程序化，促进工程质量均衡发展，有效提高工程质量整体水平。力争到2020年底，全面推行工程质量管理标准化。

三、主要内容

工程质量管理标准化，是依据有关法律法规和工程建设标准，从工程开工到竣工验收备案的全过程，对工程参建各方主体的质量行为和工程实体质量控制实行的规范化管理活动。其核心内容是质量行为标准化和工程实体质量控制标准化。

（一）质量行为标准化。依据《中华人民共和国建筑法》《建设工程质量管理条例》和《建设工程施工项目管理规范》（GB 50216）等法律法规和标准规范，按照"体系健全、制度完备、责任明确"的要求，对企业和现场项目管理机构应承担的质量责任和义务等方面做出相应规定，主要包括人员管理、技术管理、材料管理、分包管理、施工管理、资料管理和验收管理等。

（二）工程实体质量控制标准化。按照"施工质量样板化、技术交底可视化、操作过程规范化"的要求，从建筑材料、构配件和设备进场质量控制、施工工序控制及质量验收控制的全过程，对影响结构安全和主要使用功能的分部、分项工程和关键工序做法以及管理要求等做出相应规定。

四、重点任务

（一）建立质量责任追溯制度。明确各分部、分项工程及关键部位、关键环节的质量责任人，严格施工过程质量控制，加强施工记录和验收资料管理，建立施工过程质量责任标识制度，全面落实建设工程质量终身责任承诺和竣工后永久性标牌制度，保证工程质量的可追溯性。

（二）建立质量管理标准化岗位责任制度。将工程质量责任详细分解，落实到每一个质量管理、操作岗位，明确岗位职责，制定简洁、适用、易执行、通俗易懂的质量管理标准化岗位手册，指导工程质量管理和实施操作，提高工作效率，提升质量管理和操作水平。

（三）实施样板示范制度。在分项工程大面积施工前，以现场示范操作、视频影像、图片文字、实物展示、样板间等形式直观展示关键部位、关键工序的做法与要求，使施工人员掌握质量标准和具体工艺，并在施工过程中遵照实施。通过样板引路，将工程质量管理从事后验收提前到施工前的预控和施工过程的控制。按照"标杆引路、以点带面、有序推进、确保实效"的要求，积极培育质量管理标准化示范工程，发挥示范带动作用。

（四）促进质量管理标准化与信息化融合。充分发挥信息化手段在工程质量管理标准化中的作用，大力推广建筑信息模型（BIM）、大数据、智能化、移动通信、云计算、物联网等信息技术应用，推动各方主体、监管部门等协同管理和共享数据，打造基于信息化技术、覆盖施工全过程的质量管理标准化体系。

（五）建立质量管理标准化评价体系。及时总结具有推广价值的工作方案、管理制度、指导图册、实施细则和工作手册等质量管理标准化成果，建立基于质量行为标准化和工程实体质量控制标准化为核心内容的评价办法和评价标准，对工程质量管理标准化的实施情况及效果开展评价，评价结果作为企业评先、诚信评价和项目创优等重要参考依据。

五、有关要求

（一）提高认识，加强领导。质量管理标准化是一项基础性、长期性工作，对夯实企业质量工作基础、落实企业质量主体责任、促进工程项目和地区质量管理水平提高起着重要作用。各级住房城乡建设主管部门要高度重视，加强组织领导，督促参建各方落实主体责任，扎实推进工程质量管理标准化工作。

（二）强化措施，有序推进。各级住房城乡建设主管部门要结合本地区实际，制定工作方案和实施办法，明确目标任务、工作内容、进度安排、具体措施及检查督办要求等，确保工作有序有效开展。采取指导和激励并重的方式，健全相关管理制度，建立工作激励机制，提高主管部门、相关企业和工程项目管理机构开展质量管理标准化工作的积极性、主动性。

（三）加强指导，营造氛围。各级住房城乡建设主管部门要加强工程质量管理标准化工作的监督检查，促进企业形成制度不断完善、工作不断细化、程序不断优化的持续改进机制。充分利用新闻报道、现场观摩、专题培训等形式，积极宣传质量管理标准化的重要意义，营造推进质量管理标准化工作的浓厚社会氛围。

（四）注重统筹，务求实效。各级住房城乡建设主管部门要将质量管理标准化工作与工程质量常见问题治理结合、与安全生产标准化结合、与诚信体系建设结合，及时总结推广成熟经验做法，培育典型，示范引导，推进质量管理标准化工作广泛深入、扎实有效开展，实现工程质量整体水平不断提升。

中华人民共和国住房和城乡建设部

2017 年 12 月 11 日

住房城乡建设部关于印发建筑市场信用管理暂行办法的通知

建市[2017]241号

各省、自治区住房城乡建设厅，直辖市建委，北京市规划国土委，新疆生产建设兵团建设局：

现将《建筑市场信用管理暂行办法》印发给你们，请遵照执行。执行中遇到的问题，请及时函告我部建筑市场监管司。

附件：建筑市场信用管理暂行办法

中华人民共和国住房和城乡建设部

2017 年 12 月 11 日

附件

建筑市场信用管理暂行办法

第一章　总则

第一条　为贯彻落实《国务院办公厅关于促进建筑业持续健康发展的意见》（国办发〔2017〕19号），加快推进建筑市场信用体系建设，规范建筑市场秩序，营造公平竞争、诚信守法的市场环境，根据《中华人民共和国建筑法》《中华人民共和国招标投标法》《企业信息公示暂行条例》《社会信用体系建设规划纲要（2014-2020年）》等，制定本办法。

第二条　本办法所称建筑市场信用管理是指在房屋建筑和市政基础设施工程建设活动中，对建筑市场各方主体信用信息的认定、采集、交换、公开、评价、使用及监督管理。

本办法所称建筑市场各方主体是指工程项目的建设单位和从事工程建设活动的勘察、设计、施工、监理等企业，以及注册建筑师、勘察设计注册工程师、注册建造师、注册监理工程师等注册执业人员。

第三条　住房城乡建设部负责指导和监督全国建筑市场信用体系建设工作，制定建筑市场信用管理规章制度，建立和完善全国建筑市场监管公共服务平台，公开建筑市场各方主体信用信息，指导省级住房城乡建设主管部门开展建筑市场信用体系建设工作。

省级住房城乡建设主管部门负责本行政区域内建筑市场各方主体的信用管理工作，制定建筑市场信用管理制度并组织实施，建立和完善本地区建筑市场监管一体化工作平台，对建筑市场各方主体信用信息认定、采集、公开、评价和使用进行监督管理，并向全国建筑市场监管公共服务平台推送建筑市场各方主体信用信息。

第二章　信用信息采集和交换

第四条　信用信息由基本信息、优良信用信息、不良信用信息构成。

基本信息是指注册登记信息、资质信息、工程项目信息、注册执业人员信息等。

优良信用信息是指建筑市场各方主体在工程建设活动中获得的县级以上行政机关或群团组织表彰奖励等信息。

不良信用信息是指建筑市场各方主体在工程建设活动中违反有关法律、法规、规章或工程建设强制性标准等，受到县级以上住房城乡建设主管部门行政处罚的信息，以及经有关部门认定的其他不良信用信息。

第五条　地方各级住房城乡建设主管部门应当通过省级建筑市场监管一体化工作平台，认定、采集、审核、更新和公开本行政区域内建筑市场各方主体的信用信息，并对其真实性、完整性及时性负责。

第六条　按照"谁监管、谁负责，谁产生、谁负责"的原则，工程项目所在地住房城乡建设主管部门依据职责，采集工程项目信息并审核其真实性。

第七条　各级住房城乡建设主管部门应当建立健全信息推送机制，自优良信用信息和不良信用信息产生之日起 7 个工作日内，通过省级建筑市场监管一体化工作平台依法对社会公开，并推送至全国建筑市场监管公共服务平台。

第八条　各级住房城乡建设主管部门应当加强与发展改革、人民银行、人民法院、人力资源社会保障、交通运输、水利、工商等部门和单位的联系，加快推进信用信息系统的互联互通，逐步建立信用信息共享机制。

第三章　信用信息公开和应用

第九条　各级住房城乡建设主管部门应当完善信用信息公开制度，通过省级建筑市场监管一体化工作平台和全国建筑市场监管公共服务平台，及时公开建筑市场各方主体的信用信息。

公开建筑市场各方主体信用信息不得危及国家安全、公共安全、经济安全和社会稳定，不得泄露国家秘密、商业秘密和个人隐私。

第十条　建筑市场各方主体的信用信息公开期限为：

（一）基本信息长期公开；

（二）优良信用信息公开期限一般为 3 年；

（三）不良信用信息公开期限一般为 6 个月至 3 年，并不得低于相关行政处罚期限。具体公开期限由不良信用信息的认定部门确定。

第十一条　地方各级住房城乡建设主管部门应当通过省级建筑市场监管一体化工作平台办理信用信息变更，并及时推送至全国建筑市场监管公共服务平台。

第十二条　各级住房城乡建设主管部门应当充分利用全国建筑市场监管公共服务平台，建立完善建筑市场各方主体守信激励和失信惩戒机制。对信用好的，可根据实际情况在行政许可等方面实行优先办理、简化程序等激励措施；对存在严重失信行为的，作为"双随机、一公开"监管重点对象，加强事中事后监管，依法采取约束和惩戒措施。

第十三条　有关单位或个人应当依法使用信用信息，不得使用超过公开期限的不良信用信息对建筑市场各方主体进行失信惩戒，法律、法规或部门规章另有规定的，从其规定。

第四章　建筑市场主体"黑名单"

第十四条　县级以上住房城乡建设主管部门按照"谁处罚、谁列入"的原则，将存在下列情形的建筑市场各方主体，列入建筑市场主体"黑名单"：

利用虚假材料、以欺骗手段取得企业资质的；

发生转包、出借资质，受到行政处罚的；

发生重大及以上工程质量安全事故，或 1 年内累计发生 2 次及以上较大工程质量安全事故，或发生性质恶劣、危害性严重、社会影响大的较大工程质量安全事故，受到行政处罚的；

经法院判决或仲裁机构裁决，认定为拖欠工程款，且拒不履行生效法律文书确定的义务的。

各级住房城乡建设主管部门应当参照建筑市场主体"黑名单"，对被人力资源社会保障主管部门列入拖欠农民工工资"黑名单"的建筑市场各方主体加强监管。

第十五条　对被列入建筑市场主体"黑名单"的建筑市场各方主体，地方各级住房城乡建设主管部门应当通过省级建筑市场监管一体化工作平台向社会公布相关信息，包括单位名称、机构代码、个人姓名、证件号码、行政处罚决定、列入部门、管理期限等。

省级住房城乡建设主管部门应当通过省级建筑市场监管一体化工作平台，将建筑市场主体"黑名单"推送至全国建筑市场监管公共服务平台。

第十六条　建筑市场主体"黑名单"管理期限为自被列入名单之日起 1 年。建筑市场各方主体修复失信行为并且在管理期限内未再次发生符合列入建筑市场主体"黑名单"情形行为的，由原列入部门将其从"黑名单"移出。

第十七条　各级住房城乡建设主管部门应当将列入建筑市场主体"黑名单"和拖欠农民工工资"黑名单"的建筑市场各方主体作为重点监管对象，在市场准入、资质资格管理、招标投标等方面依法给予限制。

各级住房城乡建设主管部门不得将列入建筑市场主体"黑名单"的建筑市场各方主体作为评优表彰、政策试点和项目扶持对象。

第十八条　各级住房城乡建设主管部门可以将建筑市场主体"黑名单"通报有关部门，实施联合惩戒。

第五章　信用评价

第十九条　省级住房城乡建设主管部门可以结合本地实际情况，开展建筑市场信用评价工作。

鼓励第三方机构开展建筑市场信用评价。

第二十条　建筑市场信用评价主要包括企业综合实力、工程业绩、招标投标、合同履约、工程质量控制、安全生产、文明施工、建筑市场各方主体优良信用信息及不良信用信息等内容。

第二十一条　省级住房城乡建设主管部门应当按照公开、公平、公正的原则，制定建筑市场信用评价标准，不得设置歧视外地建筑市场各方主体的评价指标，不得对外地建筑市场各方主体设置信用壁垒。

鼓励设置建设单位对承包单位履约行为的评价指标。

第二十二条　地方各级住房城乡建设主管部门可以结合本地实际，在行政许可、招标投标、工程担保与保险、日常监管、政策扶持、评优表彰等工作中应用信用评价结果。

第二十三条　省级建筑市场监管一体化工作平台应当公开本地区建筑市场信用评价办法、评价标准及评价结果，接受社会监督。

第六章　监督管理

第二十四条　省级住房城乡建设主管部门应当指定专人或委托专门机构负责建筑市场各方主体的信用信息采集、公开和推送工作。

各级住房城乡建设主管部门应当加强建筑市场信用信息安全管理，建立建筑市场监管一体化工作平台安全监测预警和应急处理机制，保障信用信息安全。

第二十五条　住房城乡建设部建立建筑市场信用信息推送情况抽查和通报制度。定期核查省级住房城乡建设主管部门信用信息推送情况。对于应推送而未推送或未及时推送信用信息的，以及在建筑市场信用评价工作中设置信用壁垒的，住房城乡建设部将予以通报，并责令限期整改。

第二十六条　住房城乡建设主管部门工作人员在建筑市场信用管理工作中应当依法履职。对于推送虚假信用信息，故意瞒报信用信息，篡改信用评价结果的，应当依法追究主管部门及相关责任人责任。

第二十七条　地方各级住房城乡建设主管部门应当建立异议信用信息申诉与复核制度，公开异议信用信息处理部门和联系方式。建筑市场各方主体对信用信息及其变更、建筑市场主体"黑名单"等存在异议的，可以向认定该信用信息的住房城乡建设主管部门提出申诉，并提交相关证明材料。住房城乡建设主管部门应对异议信用信息进行核实，并及时作出处理。

第二十八条　建筑市场信用管理工作应当接受社会监督。任何单位和个人均可对建筑市场信用管理工作中违反法律、法规及本办法的行为，向住房城乡建设主管部门举报。

第七章　附则

第二十九条　省级住房城乡建设主管部门可以根据本办法制定实施细则或管理办法。

园林绿化市场信用信息管理办法将另行制定。

第三十条　本办法自 2018 年 1 月 1 日起施行。原有关文件与本规定不一致的，按本规定执行。

加强信用信息管理　规范建筑市场秩序
——住房城乡建设部建筑市场监管司负责人解读《建筑市场信用管理暂行办法》

　　为加快推进建筑市场信用体系建设，规范建筑市场秩序，营造公平竞争、诚信守法的市场环境，住房城乡建设部日前印发《建筑市场信用管理暂行办法》（以下简称《暂行办法》），要求地方各级住房城乡建设主管部门通过省级建筑市场监管一体化工作平台，认定、采集、审核、更新和公开本行政区域内建筑市场各方主体的信用信息。部建筑市场监管司相关负责人对《暂行办法》相关内容进行了解读。

　　据该负责人介绍，长期以来，住房城乡建设领域积极探索推进建筑市场诚信体系建设，取得了一定成效，但仍然存在一些突出问题，如市场主体信用信息公开共享力度不够、信息孤岛问题突出、信用评价行为不规范、个别地区通过信用管理设置地方壁垒等。为解决这些突出问题，住房城乡建设部启动了《暂行办法》起草工作，多次召开文件起草座谈会，邀请部分省市负责诚信体系建设工作的主要人员和行业专家，对建筑市场信用管理提出工作建议，并多次面向全国征求意见。

　　《暂行办法》共 7 章，30 条，具有六大亮点。

亮点一：信用信息公开

　　不良信用信息公开 6 个月到 3 年。

　　为解决市场主体信用信息公开不及时、不全面等问题，《暂行办法》明确界定了信用信息的定义，即信用信息包括基本信息、优良信用信息和不良信用信息；加强了信用信息采集管理，要求依托建筑市场监管公共服务平台集中采集信用信息，明确信息采集责任，特别是要求加强对工程项目信息的核查；规定通过公共服务平台集中公开信用信息，并明确了公开期限，即基本信息长期公开、优良信用信息一般公开 3 年、不良信用信息一般公开 6 个月到 3 年。

亮点二：信用信息共享

　　发挥全国建筑市场监管公共服务平台作用。

　　为进一步完善市场主体信用记录，建立信用信息归集、共享机制，充分发挥全国建筑市场监管公共服务平台作用，《暂行办法》要求各省级住房城乡建设主管部门将市场主体的良好和不良信用信息推送至全国建筑市场监管公共服务平台。同时，加强与有关部门的联系，推动信用信息系统互联互通，建立信息共享机制。

亮点三：分类监管企业

　　守信激励失信惩戒。

　　《暂行办法》要求各级住房城乡建设主管部门充分利用全国建筑市场监管公共服务平台，建立守信激励、失信惩戒机制，对企业实行分类监管，对信用好的实行激励措施，对存在严重失信行为的依法采取惩戒措施。同时规定，有关单位或个人应依法使用信用信息，不得使用超过公开期限的信息。此外，地方各级住房城乡建设主管部门还应当建立信用信息异议申诉和举报处理机制，并及时通过建筑市场监管公共服务平台做好信用信息变更。

亮点四：建立"黑名单"制度

1年期满可移出。

《暂行办法》要求建立建筑市场主体"黑名单"制度，并明确了列入建筑市场主体"黑名单"的标准和条件，通过建筑市场监管公共服务平台向社会公开。建筑市场主体"黑名单"的管理期限为1年，期限届满可移出名单。对于列入建筑市场主体"黑名单"的，要采取惩戒措施，在市场准入、资质资格管理、招标投标等方面依法给予限制，并通报给其他部门实施联合惩戒。

亮点五：规范信用评价行为

不得设置地方信用壁垒。

目前，大部分地方已经开展了信用评价，但有的评价行为不规范，甚至通过信用评价实行地方保护。为解决这些问题，《暂行办法》专门对信用评价作出了规定：一是明确信用评价主体，即住房城乡建设主管部门可以开展建筑市场信用评价工作，同时鼓励第三方机构开展信用评价。二是规定了信用评价的主要内容及评价结果的应用范围，并要求将信用评价办法、标准和结果在省级建筑市场监管一体化工作平台公开，接受社会监督。三是按照公开、公平、公正的原则，制定信用评价标准，不得歧视外地企业或个人，不得设置信用壁垒，鼓励建设单位对承包单位履约行为进行评价。

亮点六：加大监督检查力度

定期核查，落实不力被通报。

《暂行办法》要求各省级住房城乡建设主管部门确定专人或委托专门机构负责信用信息采集、发布和推送工作。住房城乡建设部将建立建筑市场信用信息推送情况抽查和通报制度，定期核查各省级住房城乡建设主管部门信用信息上报情况，并对工作落实不力的地区予以通报。同时，要求住房城乡建设主管部门的工作人员严格依法履职。

（冷一楠收集 摘自《中国建设报》）

2017年12月开始实施的工程建设标准

序号	标准编号	标准名称（产品行标）	发布日期	实施日期
1	JG/T 223-2017	聚羧酸系高性能减水剂	2017/5/27	2017/12/1
2	JG/T 160-2017	混凝土用机械锚栓	2017/5/27	2017/12/1
3	CJ/T 512-2017	园林植物筛选通用技术要求	2017/5/27	2017/12/1
4	JG/T 518-2017	基桩动测仪	2017/5/27	2017/12/1
5	JG/T 25-2017	建筑涂料涂层耐温变性试验方法	2017/5/27	2017/12/1

2018年1~2月开始实施的工程建设标准

序号	标准编号	标准名称	发布日期	实施日期
1	GB 50419-2017	煤矿巷道断面和交岔点设计规范	2017/5/4	2018/1/1
2	GB/T 51229-2017	矿井建井排水技术规范	2017/5/4	2018/1/1
3	GB/T 50417-2017	煤矿井下供配电设计规范	2017/5/4	2018/1/1
4	GB 50390-2017	焦化机械设备安装验收规范	2017/5/4	2018/1/1
5	GB 50174-2017	数据中心设计规范	2017/5/4	2018/1/1
6	GB/T 51230-2017	氯碱生产污水处理设计规范	2017/5/4	2018/1/1
7	GB/T 50430-2017	工程建设施工企业质量管理规范	2017/5/4	2018/1/1
8	GB/T 51234-2017	城市轨道交通桥梁设计规范	2017/5/4	2018/1/1
9	GB/T 50308-2017	城市轨道交通工程测量规范	2017/5/4	2018/1/1
10	GB/T 50326-2017	建设工程项目管理规范	2017/5/4	2018/1/1
11	GB/T 50358-2017	建设项目工程总承包管理规范	2017/5/4	2018/1/1
12	GB/T 51235-2017	建筑信息模型施工应用标准	2017/5/4	2018/1/1
13	GB/T 51239-2017	粮食钢板筒仓施工与质量验收规范	2017/5/27	2018/1/1
14	GB 50261-2017	自动喷水灭火系统施工及验收规范	2017/5/27	2018/1/1
15	GB/T 50050-2017	工业循环冷却水处理设计规范	2017/5/27	2018/1/1
16	GB 51236-2017	民用机场航站楼设计防火规范	2017/5/27	2018/1/1
17	GB 50084-2017	自动喷水灭火系统设计规范	2017/5/27	2018/1/1
18	GB 50405-2017	钢铁工业资源综合利用设计规范	2017/5/27	2018/1/1
19	GB/T 51242-2017	同步数字体系（SDH）光纤传输系统工程设计规范	2017/5/27	2018/1/1
20	GB 51245-2017	工业建筑节能设计统一标准	2017/5/27	2018/1/1
21	GB/T 51244-2017	公众移动通信隧道覆盖工程技术规范	2017/5/27	2018/1/1
22	GB/T 51241-2017	管道外防腐补口技术规范	2017/5/27	2018/1/1
23	GB 50406-2017	钢铁工业环境保护设计规范	2017/5/27	2018/1/1
24	GB/T 50470-2017	油气输送管道线路工程抗震技术规范	2017/5/27	2018/1/1
25	GB 50416-2017	煤矿井下车场及硐室设计规范	2017/5/27	2018/1/1

序号	标准编号	标准名称	实施时间	发布时间
1	JGJ 64-2017	饮食建筑设计标准	2017/7/31	2018/2/1
2	JGJ/T 424-2017	信息栏工程技术标准	2017/7/31	2018/2/1
3	CJJ 99-2017	城市桥梁养护技术标准	2017/7/31	2018/2/1
4	CJJ/T 7-2017	城市工程地球物理探测标准	2017/8/23	2018/2/1
5	JGJ/T 72-2017	高层建筑岩土工程勘察标准	2017/8/23	2018/2/1
6	JGJ/T 406-2017	预应力混凝土管桩技术标准	2017/8/23	2018/2/1
7	CJJ 128-2017	生活垃圾焚烧厂运行维护与安全技术标准	2017/8/23	2018/2/1
8	JGJ/T 412-2017	混凝土基体植绿护坡技术规范	2017/8/23	2018/2/1

本期
焦点

聚焦中国建设监理协会第六届
会员代表大会暨六届一次理事会

2018年1月24日，中国建设监理协会在北京召开了第六届会员代表大会暨六届一次理事会。住房城乡建设部相关司局的领导和有关行业协会负责人出席会议，与会代表350余人参加了会议。会议由王学军同志主持。

会议首先由住房城乡建设部建筑市场监管司张毅司长宣读易军副部长的贺信，易部长希望协会在新一届理事会的领导下，认真贯彻落实党的十九大精神和习近平新时代中国特色社会主义思想体系的新内涵、新要求，加强协会自身建设，为推动工程监理行业的健康持续发展作出更大的贡献。

会议审议通过了《中国建设监理协会第五届理事会工作报告》《中国建设监理协会第五届理事会财务报告》和《关于中国建设监理协会调整会费标准的报告》。

会议选举产生了中国建设监理协会第六届理事会理事、常务理事和领导班子成员。王早生同志当选为第六届理事会会长，王学军同志当选为副会长兼秘书长，李伟等11名同志当选为副会长。会议选举产生了第六届理事会理事287名，常务理事50名。

住房城乡建设部易军副部长致
中国建设监理协会第六届会员代表大会的贺信

中国建设监理协会：

欣闻你会召开第六届会员代表大会，选举产生新一届理事会，我谨代表住房城乡建设部对大会的召开表示热烈的祝贺！值此监理行业发展三十年之际，向奋斗在监理行业的职工和协会工作者致以亲切的问候！

中国建设监理协会在第五届理事会郭允冲会长的领导下，认真贯彻落实国家和住房城乡建设部党组的有关方针政策，积极开展调查研究、反映行业诉求、推动行业自律和诚信建设、引导行业提升工程质量安全管理水平、促进行业转型升级，工作成效显著，很好地履行了协会职能，发挥了应有的作用，在行业内和社会上树立了良好的形象。

建设工程监理制度的建立和实施，为工程质量安全提供了重要保障，是我国工程建设领域重要的改革措施和成果。希望中国建设监理协会在新一届理事会的领导下，认真贯彻落实党的十九大精神和习近平新时代中国特色社会主义思想体系的新内涵、新要求，加强协会自身建设，团结和依靠广大会员，引导行业转变发展方式、转换增长动力，提高发展质量，为推动工程监理行业的健康持续发展作出更大的贡献。

预祝大会圆满成功！

住房城乡建设部建筑市场监管司司长张毅在中国建设监理协会第六届会员代表大会上的讲话

同志们：

今天，中国建设监理协会第六届会员代表大会在这里隆重召开，选举产生新一届理事会。我代表建筑市场监管司向大会的召开表示热烈的祝贺！向即将选举产生的协会第六届理事会领导集体表示热烈的祝贺！并通过你们向广大监理行业干部职工表示亲切的问候。

中国建设监理协会过去几年来，在第五届理事会郭允冲会长的领导下，取得了显著的成绩，在反映企业诉求、行业调查研究、行业自律和推动完善行业管理制度、提高从业人员水平等方面做了大量富有成效的工作，很好地履行了协会职能，赢得了广泛的好评。下面，我讲三点意见，供大家参考。

一、统一思想，充分认识当前发展形势

从 20 世纪 80 年代后期，我国开展工程监理试点工作至今，工程监理行业走过了不平凡的三十年。工程监理制度的建立和实施，适应了我国社会主义市场经济条件下工程建设管理的需要，推动了工程建设组织实施方式的社会化、专业化发展，为工程质量安全提供了重要保障，促进了工程建设水平和效益的提高。截至 2017 年底，全国工程监理企业 8021 家，注册监理工程师达到 18.97 万人，涵盖房屋建筑、市政公用、电力、石油化工、铁路、民航等 14 个专业类别，覆盖几乎所有重大工程和具有一定规模的工程，是工程建设中一支不可或缺的专业技术力量。在充分肯定成绩的同时，我们也要清醒地认识到，当前工程监理行业还存在着管理体制机制不健全、工程监理咨询服务作用发挥不充分、从业人员素质参差不齐、行业核心竞争力不突出等问题，与人民群众日益增长的美好生活需要还有很大差距。

党的十九大报告指出，中国特色社会主义进入了新时代，正处于决胜全面建成小康社会的攻坚期，社会的主要矛盾已经转化为人民日益增长的美好生活需要和不平衡不充分的发展之间的矛盾；我国经济已由高速增长阶段转向高质量发展阶段，正处在转变发展方式、优化经济结构、转换增长动力的攻关期。新时代对我们提出了新要求，要有新作为。我们要以满足人民获得感、幸福感、安全感为目标，以大力提升工程质量安全水平和能力为抓手，以推进建筑业供给侧结构性改革为主线，坚持质量第一，效益优先，着力构建工程质量安全可控、市场机制有效、标准支撑有力、市场主体有活力的中国特色现代化建筑业发展体系。工程监理是保证工程质量安全的重要一环，是实现建筑业高质量发展的有力保障，我们要准确把握新时代发展的特点、脉络和关键，紧紧围绕行业改革发展大局，把思想和行动统一到党的十九大精神上来，扎实推动开展各项工作，为建设现代化建筑业体系作出应有的贡献。

二、创新发展，推动工程监理行业转型升级

去年，国务院办公厅印发了《关于促进建筑业持续健康发展的意见》（国办发〔2017〕19 号），住建部出台了《关于促进工程监理行业转型升级创新发展的意见》（建市〔2017〕145 号），明确了工程监理行业发展的主要目标、主要任务及组织实施。下一阶段，工程监理行业要抓好各项改革任务的落实，着力创新发展，加快推进行业转型升级。

第一，加快完善工程监理制度。要以问题为导向，深入分析原因，对症下药；既要摸清我国工程监理发展实际，尊重我国国情，又要积极吸收国际先进理念和做法。深入推进"放、管、服"改革，进一步简化工程监理企业资质，调整专业划分，更好地适应市场的需求，激发企业活力。积极推动建筑法等有关法律法规的修订，进一步明确监理定位，落实监理责任。不断完善工程监理合同制度，积极适应投资主体和工程组织模式多元化、工程保险和国际工程发展的新形势、新要求，不断创新监理服务模式。

第二，有序推进全过程工程咨询。全过程工程咨询是国际通行的工程建设模式，代表了工程咨询重要的发展方向和趋势。有条件的监理单位应在立足施工阶段监理的基础上，向"上下游"拓展服务领域，提供项目咨询、招标代理、造价咨询、项目管理、现场监督等多元化的"菜单式"咨询服务，为业主提供覆盖工程项目建设全过程的管理服务，不断提升企业自身的核心竞争力。

第三，切实提升监理服务水平。工程监理服务水平决定了工程监理行业的未来，监理工作质量是赢得市场和未来的关键，监理效果是行业繁荣发展的根本所在。监理企业要完善内部管理职能、健全监理工作制度、提高监理现场工作质量，尤其要严格履行工程质量、安全生产监理职责，通过认真负责而富有成效的工作，为行业健康可持续发展奠定基础；要加强人才队伍建设，加大科技投入，推进建筑信息模型（BIM）在工程监理服务中的应用，切实提高工程监理服务水平。要积极响应"一带一路"倡议，不断提高国际竞争力，主动参与国际市场竞争，提升工程监理服务"走出去"水平。

第四，进一步规范监理活动。严格落实工程监理的质量安全责任，建立健全监理向政府报告制度，加大对企业现场人员到岗履职情况的监督检查，及时清出存在违法违规行为的企业和从业人员；加快推进监理行业诚信机制建设，完善企业、人员、项目及诚信行为数据库信息的采集和应用，依法依规公开企业和个人信用记录，建立黑名单制度，将政府监管和诚信体系有效结合起来，切实发挥社会监督的作用。

三、精准定位，充分发挥协会桥梁纽带功能

随着政府机构改革和职能转变的不断深入，行业协会面临着新的发展机遇和发展空间。希望中国建设监理协会在新一届理事会的带领下，加强自身建设、提升服务能力，为促进工程监理行业转型升级、创新发展，继续发挥行业协会应有的作用。

第一，紧紧围绕深化改革，着力促进行业转型升级。要进一步加强行业调研，及时反映企业诉求，反馈政策落实情况，为政府部门制定法规政策、行业发展规划提出建议，协助政府不断加强行业管理，促进行业发展；要通过技术培训、交流研讨等活动，积极引导和推动企业改革创新，实现转型升级。

第二，认真履行规范行业职能，积极构建行业自律机制。行业协会有责任、有义务引导和监督企业遵守市场规则，维护公平公正的市场秩序，要通过加强对会员单位的自律管理、推广诚信建设先进经验等工作，规范企业的经营行为，健全行业自律管理机制，有力促进行业持续健康发展。

第三，加强自身建设，提高协会发展能力。协会要加强自身建设、健全规章制度、提升为监理企业和从业人员服务功能，切实维护监理企业和人员的合法权益；要坚持以服务为宗旨，采取有效措施提升协会的凝聚力、影响力，增强协会的代表性，提高协会公信力。

同志们，党的十九大为我们描绘了宏伟的蓝图，指明了今后的发展方向，我们要认真学习贯彻党的十九大精神，以习近平新时代中国特色社会主义思想为指导，紧密地团结在以习近平同志为核心的党中央周围，鼓足干劲、锐意进取，以更加饱满的热情，投入到监理行业转型升级创新发展的工作中去，共同谱写工程监理事业发展的新篇章！为决胜全面建成小康社会、夺取新时代中国特色社会主义伟大胜利、实现中华民族伟大复兴的中国梦作出更大的贡献！

预祝大会圆满成功，谢谢大家！

不忘初心　牢记使命　履职尽责
努力促进工程监理行业持续健康发展

王早生会长在中国建设监理协会六届一次理事会上的讲话

各位会员代表、理事、常务理事，同志们：

今天，中国建设监理协会在这里隆重召开第六届会员代表大会和六届一次理事会，会议选举产生了第六届理事会及其领导班子，选举我担任第六届理事会会长。这是会员代表和全行业对我们的信任，更是对我们的鞭策和激励。我们将团结一致，尽职尽责，扎实工作，努力做好中国建设监理协会第六届理事会的各项工作。

五年来，在郭允冲会长的领导下，协会第五届理事会坚持以党的十八大及十八届历次全会精神为指导，求真务实、锐意进取，工作卓有成效。协会组织开展大量调查研究、行业交流，加强行业自律和标准建设，在深化改革中发挥了重要作用。积极协助住房城乡建设部做好有关行业管理工作，为推进我国工程监理制度建设、企业转型升级、开展全过程工程咨询、促进行业健康有序发展发挥了重要作用。协会五届理事会作了全面总结，我完全赞同。在这里让我们以热烈的掌声向郭允冲会长和第五届理事会的同志们致以崇高的敬意和衷心的感谢！感谢他们为协会和行业的健康发展作出的贡献。同时，也要感谢广大会员为协会开展工作和推

动行业不断创新发展作出的贡献。我们将一如既往，努力促进我国工程监理事业持续健康发展。

经过三十年的实践，工程监理在工程建设中发挥了不可替代的重要作用。在我国经济高速发展、大量基础设施和工程建设中，为保证建设项目的工程质量、安全生产以及人民生命和国家财产安全，为人们安居乐业和社会稳定作出了积极贡献。通过政府、行业协会、监理企业及员工、业主及社会的共同努力，我国在推进项目建设管理模式改革方面取得重大突破和进展。工程监理行业取得的成就令人瞩目。

但是，我们也应该清醒地认识到目前仍然存在一些问题、困难和挑战：一是法律法规制度不够健全；二是行业诚信体制不够完善；三是社会各界对监理履职尽责的期待与一些项目上的监理作用发挥不到位的反差；四是业主对监理服务的要求日益提高，监理服务质量与业主期望之间存在一定差距；五是新形势下出现的新问题，传统的发展理念和发展模式面临严峻挑战。我们要正视存在的问题，不忘初心，牢记使命，勇于担当，不断推动行业向前发展。

本届理事会将贯彻党的十九大会议精神，矢志不渝地高举习近平新时代中国特色社会主义思想伟大旗帜，在过去工作的基础上，继续发扬光大，为全面推动行业持续健康发展努力做好各项工作。

第一，我们要进一步提升工程监理作用。

《国务院办公厅关于促进建筑业持续健康发展的意见》(国办发〔2017〕19号)、《住房城乡建设部关于印发工程质量安全提升行动方案的通知》(建质〔2017〕57号)等文件提出监理创新发展思

路，表明工程监理仍是保障项目建设质量、安全的重要力量。我们将贯彻落实相关文件精神，积极引导监理企业做好向政府主管部门报告质量监理情况试点等工作，进一步提升工程监理作用。

第二，我们要推动行业转型升级、创新发展。

企业是市场主体，是改革发展的主力军。《住房城乡建设部关于开展全过程工程咨询试点工作的通知》（建市 [2017]101 号）、《住房城乡建设部关于促进工程监理行业转型升级创新发展的意见》（建市 [2017]145 号）等文件提出鼓励监理企业向"上下游"拓展服务领域。我们要引导有实力的大型企业在搞好工程监理的基础上开展全过程工程咨询业务，引导中小型企业做精做专，或者选择全过程中有强项的阶段开展工程咨询。我们要引导监理企业做好全过程工程咨询试点工作，提升监理行业竞争优势。

第三，我们要加强协会建设，做好服务。

我们要苦练内功，加强协会自身建设，提高协会为会员和政府服务的能力和素质，更好地发挥桥梁纽带作用。一是发挥行业协会主导作用，继续推动行业标准化建设。修订完善行业标准，培育发展团体标准，引导搞活企业标准，促进工程监理工作的量化考核和监管，使工程监理工作更加规范有序。二是推进行业信息化建设。建立大数据，不断推动BIM 等现代技术在工程服务和运营维护全过程的集成应用，实现工程建设项目全生命周期数据共享和信息化管理，促进工程监理行业提质增效。三是进一步加强行业诚信建设。协会要结合住房城乡建设部开展的"四库一平台"建设，健全行业自律机制，积极推进行业诚信体系建设，逐步提高行业的社会公信力。四是强化行业人才队伍建设。协会要引导企业建设一支精通工程技术、熟悉工程建设各项法律法规、善于协调管理的综合素质高的工程监理人才队伍。五是积极稳步推动"走出去"。鼓励工程监理企业抓住"一带一路"的国家战略机遇，主动参与国际市场竞争，提升企业的国际竞争力。

同志们，我们要不忘初心、牢记使命、砥砺前行，为工程监理行业的持续健康发展不断努力！我们要不辜负国家、社会的期望，对国家负责，对社会负责，对人民负责，为实现中国百年梦作出我们工程监理人的贡献！

谢谢大家！

积极拓展　不断创新
推动建设工程监理行业健康持续发展
——中国建设监理协会第五届理事会工作报告

在住房城乡建设部和民政部的正确领导下，中国建设监理协会团结会员，积极进取，实现行业健康持续发展，成效显著。据住房城乡建设部建设工程监理统计数据显示，2016 年与 2013 年相比，工程监理行业收入增加近 650 亿元，增长 31.75%；从业人员增加近 11 万人，增长 12.34%；承揽境内监理项目投资额增加 1 万亿元，增长 8.5%。回顾第五届理事会的工作，主要有以下几方面：

一、贯彻落实主管部门要求，加强行业自律建设

（一）协助主管部门工作，宣贯新版监理规范。受住房城乡建设部标准定额司的委托，协会组织修订了《建设工程监理规范》（以下简称《规范》)，并于 2013 年 5 月 13 日由住房城乡建设部和国家质量监督检验检疫总局正式发布。新版《规范》GB/T 50319—2013 吸收了 20 多年来建设工程监理的研究成果和实践经验，并贯彻落实近年来出台的有关建设工程监理的法律法规和政策，增加了具有可操作性的内容。

2013 年 6 月，协会组织编写了《建设工程监理规范应用指南》（以下简称《指南》)，帮助工程建设参与方特别是工程监理企业准确理解和执行《规范》，提高监理工作质量。2013 年 7 月至 8 月，完成《规范》在哈尔滨、乌鲁木齐、重庆、长沙、南京等五个片区的宣贯工作，来自 30 个省、市的地方住房城乡建设主管部门、监理协会、监理企业共计 1886 人参加了宣贯会。协会还带领宣讲团队协助部分地方协会进行宣贯，使新版《规范》迅速传播，指导工程实践。

（二）积极组织行业交流，推进工程质量治理行动。2014 年，住房城乡建设部印发《工程质量治理两年行动方案》，协会积极响应，召开"贯彻落实住房城乡建设部《工程质量治理两年行动方案》暨建设监理企业创新发展经验交流会"，发布《中国建设监理协会倡议书》，迅速落实工程质量治理行动方案，加强行业自律管理，完善诚信体系建设，不断促进建设工程监理行业的健康发展。同时，在协会网站和《中国建设监理与咨询》及时报道"工程质量治理两年行动"的开展情况。

2015 年，住房城乡建设部印发《建筑工程项目总监理工程师质量安全责任六项规定（试行)》，协会通过发文、召开会议等形式积极开展宣贯，大力推进工程项目总监理工程师质量安全六项规定的贯彻落实。

（三）推进诚信体系建设，健全行业自律机制。根据《民政部关于开展行业协会行业自律与诚信创建活动的通知》（民函〔2013〕111 号）的要求，协会出台了《建设监理行业自律公约（试行)》，旨在建立健全行业自律管理机制，维护公平竞争的市场环境，促进工程监理行业的健康发展。

为规范企业市场行为，提高监理人员职业道德水平，协会起草并发布《建设监理人员职业道德行为准则（试行)》《建设监理企业诚信守则（试行)》等文件，为推进行业诚信建设起到了一定的促进作用。

（四）紧跟市场发展形势，做好监理取费市场化指导。《国家发展改革委关于进一步放开建设项目专业服务价格的通知》发布后，协会密切关注专

业服务价格放开后的监理收费变化和市场竞争形势，多次与政府主管部门沟通和开展调研，在征求协会副会长和部分专家意见的基础上，经协会会长会议审议通过并印发了《关于指导监理企业规范价格行为、维护市场秩序的通知》，对工程监理服务价格市场化起到一定的指导作用。

（五）组织征求工程监理改革意见，助推行业健康有序发展。一是征求企业资质标准意见。2014年，根据住房城乡建设部建筑市场监管司要求，协会按照《工程监理企业资质标准》征求意见的通知，通过转发通知和座谈会的形式征求地方协会和工业部门行业协会的意见和建议，并报送住房城乡建设部建筑市场监管司。2016年，协会就《关于征求工程监理企业资质标准（征求意见稿）意见的函》征求各副会长、有关协会和企业的意见和建议，向业务主管部门提出了《关于工程监理企业资质等级标准套用施工总承包序列资质标准的建议》，为行业行政主管部门决策提供了参考。二是征求工程监理行业改革发展指导意见。2016年，根据住房城乡建设部建筑市场监管司要求，两次组织有关协会、专业委员会、分会和副会长单位就《进一步推进工程监理行业改革发展的指导意见（征求意见稿）》征求意见和建议，并将建议及时报送。住房城乡建设部于2017年7月7日发布《住房城乡建设部关于促进工程监理行业转型升级创新发展的意见》，为工程监理行业的改革发展指明了方向。

（六）落实主管部门要求，推进行业标准化建设。根据行政主管部门要求，2016年4月在杭州召开监理工作标准化建设座谈会，讨论了工程监理行业工作标准化建设情况，研究了监理工作标准化建设的范围、内容，分析了监理工作标准化建设实施效果、存在问题及推动监理工作标准化建设的措施。2016年11月在上海召开监理现场履职工作标准座谈会，组织起草了《工程监理现场履职服务标准》并报行政主管部门。2016年12月在深圳召开监理标准体系顶层设计专家座谈会，讨论了工程监理行业发展标准体系顶层设计，助推行业标准化建设。

二、落实相关政策精神，完成政府委托工作

（一）配合人社部人事考试中心，做好监理工程师考试相关工作。协会协助人力资源和社会保障部人事考试中心做好监理工程师考试工作。2013年至2017年期间，协会广泛听取各方意见，遵循政策法规的新要求，不断改进命题工作，提高命题质量，每年均出色完成出题审题工作和主观题阅卷工作。试题内容与监理实际工作结合紧密，实用性强，试题设计受到了有关机构、社会和考生的好评，未发生考题质量和泄密事故。

2013年至2017年度，全国监理工程师执业资格考试报考人数共计34.5万余人，合格人数8.8万余人，合格率均保持在合理范围内且相对稳定。

（二）不断提高服务能力，着力保障继续教育质量。协会于2013年召开注册监理工程师继续教育工作专题会，研究注册监理工程师继续教育工作存在的问题，提出政策建议。为提高网络继续教育质量，协会加强对网络继续教育的规范管理，启用了新的注册监理工程师网络继续教育平台，完成新旧网站的转换，优化网络继续教育管理模式。

为落实《国务院关于第一批清理规范89项国务院部门行政审批中介服务事项的决定》《关于勘察设计工程师、注册监理工程师继续教育有关问题的通知》的要求，2016年协会取消了指定的继续教育培训机构，允许有条件的监理企业、高等院校和社会培训机构开展继续教育工作，保证监理工程师继续教育工作的有序开展。

2013年以来，完成监理工程师继续教育和个人会员网络业务学习30.5万余人次。

（三）优化注册管理流程，缩短申请注册时限。第五届理事会领导班子上任伊始，即把解决监理工程师注册周期长的难题列入了2013年的重点工作，通过改进工作流程，提高了注册审查工作效率。

2015年，为配合行政主管部门审批制度改革，协会起草了《注册监理工程师审批事项服务指南》《注册监理工程师注册审批服务规范》等文件，

对监理工程师注册程序进行了规范。2013年1月至2016年12月受行政主管部门委托，共受理监理工程师注册审查近37.8万人，其中初始注册9万余人、变更注册9.6万余人、延续注册18.3万余人、遗失补办3000余人、注销注册4000余人。

（四）按照行政主管部门要求，完成注册管理移交工作。依据住房城乡建设部人事司2017年5月9日印发的《关于由住房和城乡建设部执业资格注册中心承担监理工程师注册审查相关工作的通知》要求，中国建设监理协会与住房城乡建设部执业资格注册中心就监理工程师注册工作完成交接，并签订《关于交接监理工程师注册工作备忘录》。

三、深入开展课题研究，助推行业有序发展

2013年至2017年，协会积极承接住房城乡建设部课题，并做好协会课题工作，加强行业理论研究，为监理行业的改革发展提供理论依据。

（一）成立专家委员会积极开展课题研究。2015年3月，协会在深圳召开了"中国建设监理协会专家委员会成立大会"，表决通过了专家委员会领导机构和组成人员及机构设置。专家委员会下设理论研究与技术进步、行业自律与法律咨询、教育与考试三个专家组，现有行业专家115人。专家委员会的成立为行业发展研究注入了新的活力，极大地推进了行业发展课题研究工作。

（二）开展工程监理制度理论研究。受住房城乡建设部委托，2013年5月协会启动《工程监理制度发展研究》课题项目，为行业管理顶层设计提供理论支撑。

该课题较为全面地梳理了我国工程监理制度的发展历程与现状，分析了工程监理与国际工程咨询的异同，找出了影响工程监理行业发展的主要因素，剖析了我国工程监理制度实施中存在的主要问题，特别是结合党的十八届三中全会精神及行政管理体制改革发展需求，提出了完善工程监理制度和促进工程监理行业健康发展的政策及措施建议。

（三）研究行政管理体制改革对行业的影响。党的十八届三中全会以来，国家行政管理体制改革力度加大，简政放权，行政审批事项大幅消减，为掌握改革发展趋势，探讨转变行业管理方式和企业发展思路，协会组织东部、西部、工业口三个调研组开展了《行政管理体制改革对监理行业发展的影响和对策研究》，为推进工程监理行业发展起到了积极的影响。

（四）加强监理人员职业培训管理。为进一步规范监理人员职业培训管理工作，根据原国家人事部对于工程技术人员继续教育的相关要求和《注册监理工程师管理规定》，组织开展《监理人员职业培训管理办法》课题调研，对推进监理人员职业培训标准化、制度化和规范化管理，起到了促进作用。

（五）提出工程监理行业发展新方向。2016年，为适应建筑业改革发展需求，引导有条件的大型监理企业向综合咨询管理方向发展，提高工程监理行业国际竞争力，协会组织开展了《项目综合咨询管理及监理行业发展方向》课题研究。同时，协会组织起草了《关于推进工程监理企业开展全过程项目管理服务的指导意见》并上报主管部门领导。应住房城乡建设部建筑市场监管司的要求，提出《关于工程监理企业开展全过程一体化项目管理服务试点的建议》，为住房城乡建设部开展全过程工程咨询试点工作提供了重要的参考建议。

（六）推动工程监理行业标准化建设。为规范工程监理工作标准，发挥项目监理机构作用，更好落实五方主体质量安全责任，提高工程建设投资效益，协会于2016年组织开展了《房屋建筑工程项目监理机构及工作标准》课题研究。为明确监理工作的职责内容和深度，协会于2017年开展《建设工程监理工作标准体系研究》，研究建构整个工程监理工作标准的框架体系，为进一步编制和细化整个工程监理行业工作标准提供指导。

四、组织开展热点交流，提升企业业务水平

针对行业热点难点问题，协会积极组织开展

交流活动，探索尖端技术应用，拓展企业发展思路，提升企业服务能力和业务水平。

（一）探索监理企业转型升级新思路。为推动监理企业技术进步，升级新思路，了解行业发展新理论，2013年12月，协会在深圳召开"工程监理企业战略发展经验交流会"，会议有关内容为处于大数据时代下的监理企业提供了清晰的发展思路。2015年7月，协会在长春组织召开"建设工程项目管理经验交流会"，会议分析了当前监理企业面临的机遇与挑战，交流了外资与境外项目管理经验，探讨了先进的项目管理方法，对监理企业提升专业化服务能力起到了促进作用。2017年9月，协会在上海组织召开全过程工程咨询试点工作座谈会，进一步推进全过程工程咨询服务的开展，促进行业创新发展。

（二）提升监理企业法律风险防范意识。为积极推动监理企业做好法律风险防范工作，探讨监理企业法律风险防范的具体措施，了解国家行政管理体制改革对工程监理行业带来的影响，2014年，协会举办了"建设工程监理企业质量安全法律风险防范实务与深化行政管理体制改革对监理行业的影响信息交流会"，为监理企业预防法律风险敲响了警钟，提高了监理企业预防法律风险的意识。

（三）推动监理企业信息技术应用。为推动工程监理行业信息化建设，促进"互联网+"和BIM技术与工程监理深入融合，2016年6月协会在呼和浩特组织召开"工程监理企业信息化管理与BIM应用经验交流会"。会议分析了当前工程监理行业面临的突出问题，探讨了信息化技术对监理企业提升服务能力的推动作用，交流了监理企业BIM应用、云平台智能管理等多种信息技术在工程监理及项目管理中的实际应用，使监理企业拓宽了视野，极大鼓舞了与会企业创新发展的信心和勇气。

（四）引导监理企业规范价格行为。为总结工程监理行业在价格市场化方面的有效应对措施，提升监理企业对价格市场化的适应能力，引导企业规范价格行为，2016年11月协会在南昌组织召开了"应对工程监理服务价格市场化交流会"，力争达到共同促进监理服务价格稳定发展的作用。

五、加强会员管理，为会员做好服务工作

截至2017年底，协会现有单位会员1036家，团体会员58家，个人会员100884名。

（一）参照国际惯例建立健全个人会员制度。为适应市场化改革，强化个人资格管理，完善自律机制建设，逐步实现个人资格管理与国际接轨。2015年11月，协会五届二次会员代表大会审议通过了《中国建设监理协会个人会员管理办法》和《个人会员会费标准和缴费办法》，个人会员制度正式建立。

现已发展了11批个人会员，共计100884名。按照个人会员管理办法规定，协会与地方协会、专业委员会、分会签订了《个人会员管理服务合作协议书》，共同做好会员服务工作。为加强和完善个人会员管理，组织开发了"中国建设监理协会个人会员管理系统"，并为个人会员提供免费继续教育服务。

（二）为会员组织行业转型升级创新发展宣讲活动。围绕会员关心的行业转型升级问题，及时解读《国务院办公厅关于促进建筑业持续健康发展的意见》和《住房城乡建设部关于促进工程监理行业转型升级创新发展的意见》等政策精神，2017年9月至11月协会分别在乌鲁木齐、南京、长沙开展宣讲活动，使会员单位更准确及时地了解行业转型升级创新发展方向。

（三）为会员搭建多种沟通交流平台。协会围绕行业热点焦点问题，及时组织多种形式的研讨交流活动，为会员搭建多种沟通交流平台。在举办业务交流活动时，优先安排会员参加。为满足会员在信息技术应用方面的需求，协会在西安组织召开"工程监理企业信息技术应用经验交流会"。行业专家在会上对行业发展趋势的解读，对信息技术应用、装配式建筑发展、云平台创新等内容的交流，使大家开阔了眼界，振奋了精神，鼓舞了士气。

（四）积极发挥协会桥梁纽带作用。协会通过参加各地方、行业协会组织的行业会议，及时开展调研工作，倾听会员呼声，反映会员诉求。2015年9月，协会以问卷形式通过地方协会和专业委员会，

分别对房屋建筑、市政公用、公路和铁路等四类专业工程的监理定位、业务来源、招投标情况等内容进行调研，并将有关情况及时进行反馈；2015年10月，协会经调研撰写了《工程监理行业地位和服务内容发展趋势研究报告》，向行业主管部门如实反映了当前工程监理地位偏移、监理连带安全责任、监理价格市场化竞争加剧等问题，通过具体案例和数据分析，较为客观地反映了当前工程监理行业现状，提出了促进工程监理行业发展若干意见和建议。

（五）做好会员内表扬活动。一是经协会推荐，住房城乡建设部于2014年在全国工程质量治理两年行动电视电话会议上通报表扬了5家近年来取得突出成绩的工程质量管理优秀监理企业。二是协会2014年通报表扬了参建2012~2013年度鲁班奖工程项目的140家监理企业和176名总监理工程师。2016年通报表扬了参建2014~2015年度鲁班奖工程项目的150家监理企业和203名总监理工程师，并颁发荣誉证书。三是为提高工程监理行业整体素质，激发监理企业的创新活力，培养监理从业者的诚信敬业精神，协会组织开展了2013~2014年度表扬先进活动，得到行业内的高度关注，为促进工程监理事业健康发展起到了积极的推动作用。

六、加大宣传力度，树立良好形象

（一）出版发行《中国建设监理与咨询》连续出版物。2014年底，协会与中国建筑工业出版社合作出版发行《中国建设监理与咨询》，设有政策法规、行业动态、监理论坛、项目管理与咨询、创新与研究等多个栏目，对监理企业及行业发展起到了较强的宣传引导作用，扩大了协会信息宣传的影响力。

（二）采取多种措施，不断提升刊物质量。为提高刊物质量，更好发挥编委及通讯员作用，协会制订了《＜中国建设监理与咨询＞编委会管理办法》和《通讯员管理办法》，进一步明确编委和通讯员的工作内容和职责。通过考核，调整补充编委会及通讯员队伍，召开《中国建设监理与咨询》编委、通讯员会议，研究确定刊物宣传方向和主要栏目内容。

2016年，协会举办了首届《中国建设监理与咨询》有奖征文活动，得到了广大监理工作者积极响应和热情参与，共收到了520余篇文章，进一步扩大了《中国建设监理与咨询》在行业内的影响力，提高稿源数量和稿件质量。

截至2017年底，《中国建设监理与咨询》已出版发行19期，累计刊登各类稿件660余篇，对协办单位宣传230余次。

（三）创新宣传方式，提高行业影响力。协会于2017年在《中国建设报》开设"建设监理行业风采"栏目。栏目主要展示和推介全国建设监理企业在服务行业、协助政府、保障工程质量等方面的创新性作为。截至2017年底已在《中国建设报》发稿18篇，展示了我国工程监理行业的成就和风采，扩大了工程监理在建筑业中的影响力，提升了监理行业在社会上的认知度，为促进监理行业健康发展起到了良好的作用。

开通中国建设监理协会微信公众号，及时发布行业相关政策信息和协会重点工作，加强协会服务工作。

七、推动国际交流合作，共谋行业成长发展

（一）组织学习调研国外专业人士从业管理经验，拓宽发展思路。经住房城乡建设部计划财务与外事司批准，2013年10月，协会组织代表团赴瑞典和丹麦进行调研，先后访问了瑞典咨询工程师与建筑师协会和丹麦咨询工程师协会及有关企业和研究机构，分别就咨询工程师业务范围、企业资质和个人执业资格、行业协会作用等进行了深入、广泛的交流和探讨。代表团在协会战略目标制定、提供专业服务、企业发展等方面获益良多。调研结束后，协会及时形成《中国建设监理协会瑞典、丹麦考察报告》并上报住房城乡建设部计划财务与外事司。

（二）加强横向沟通，注重国际经验交流。为给企业走出去创造良好条件，协会与商务部援外司就对外援助成套项目实施工程质量保险等有关事宜进行沟

通交流。接待英国皇家特许测量师学会（RICS）、香港测量师学会、法国必维集团等来访单位，加强与国际行业组织间的业务联系交流，并就有关合作事宜进行磋商。2017 年 11 月，为加强内地注册监理工程师与香港建筑测量师的沟通交流，协会召开内地注册监理工程师与香港建筑测量师互认十周年回顾与展望暨监理行业的改革与发展交流活动，交流双方互认感受和体会，展示内地行业改革与发展成就。在近年召开的行业交流大会上，积极邀请香港、台湾等地业内专家、学者参会，扩大行业影响。

八、强化内部机制建设，提升协会服务水平

（一）做好秘书处自身建设。秘书处是理事会常设办事机构，建设服务高效、便捷的工作机构，是履行协会职能、发挥协会作用的可靠保证。

2013 年，协会完成了民政部组织的全国性社会组织评估工作，取得了较好成绩。按照住房城乡建设部有关政策要求，补充和完善协会内部管理规章制度，制定《中国建设监理协会管理规定汇编（暂行）》，进一步规范文件、档案等管理工作；与律师事务所签订服务协议，保证了秘书处各项活动依法合规。

协会秘书处先后招聘了 10 余名新员工，进一步增强协会为会员服务的能力，同时为协会的可持续发展奠定良好的基础。

（二）不断加强协会党建工作。经住房城乡建设部社团一党委批准，协会于 2013 年 7 月份完成党支部换届工作。

党支部是协会工作的战斗堡垒，是带领秘书处完成各项任务，保障协会健康发展的重要支柱。党支部组织全体党员认真学习党的十八大和十八届二中、三中、四中、五中、六中全会及十九大精神，坚决贯彻落实中央八项规定精神，思想行动上同党中央保持高度一致，将"两学一做"学习教育常态化制度化工作落到实处，分别安排集中学习和自学，把"两学一做"作为"三会一课"的基本内容，突出政治教育，突出党性锻炼。

根据中央第六巡视组巡视住房城乡建设部期间提出的要求，协会党支部开展"自纠自查"，建立了《党支部民主生活会制度》《党支部党费管理办法》，制订完善《中国建设监理协会公务接待管理办法》等内部管理规定，促进党员干部和秘书处全体工作人员廉洁自律。协会党支部召开了党员领导干部专题民主生活会和党员干部民主生活会，加强调研，改变工作作风，提升工作质量，更好地服务于工程监理行业、企业和执业人员。

（三）完善工会组织建设。在住房城乡建设部机关党委和机关工会的指导下，秘书处完成了工会的组建工作。按照工会管理办法，工会开展了丰富多彩的文体活动，丰富了职工的业余文化生活，增强了秘书处的凝聚力。

（四）加强和完善分支机构管理。按照民政部、住房城乡建设部对分支机构进行统一管理的要求，目前协会分支机构已实现了业务管理、财务管理的统一化。2013 年 6 月印发《中国建设监理协会分支机构管理办法（暂行）》，规范协会分支机构的管理，充分发挥各分支机构配合协会履行提供服务、反映诉求、规范行为的职能。

2013 年至今，秘书处完成了民政部组织的对社团分支机构专项审计工作，并组织 5 个分支机构进行经济活动自查，使分支机构的管理工作更加规范有序。定期组织召开分支机构工作会议，对各分支机构上年度工作总结和新年度工作计划及费用预算等提出相关要求，规范了对分支机构的管理。

指导石油天然气分会、船舶分会和机械分会三个分支机构完成了换届工作。支持各分会在市场调研、课题研究、业务培训、经验交流等方面积极开展工作，保障了分支机构作用的有效发挥。

（五）完善协会内控机制，强化财务监督管理。换届以来，协会在住房城乡建设部和民政部的指导和监督下，严格执行财政部《会计法》和《民间非营利组织会计制度》等有关法律、法规、规定和办法，建立会计核算标准规范，实现会计核算标准化管理，加强财务内部控制，较好地完成会员和上级主管单位委托和交办的各项任务。

浅谈CSM工法施工工艺的监理质量控制

向辉　　张黎

武汉华胜工程建设科技有限公司

摘　要：随着现代建筑超深基坑越来越多，环保要求日益严格，传统的水泥土搅拌墙施工工艺（如三轴搅拌桩、TRD等）暴露出一些缺陷和矛盾，如施工深度受限制（一般不超过30m）、垂直度、止水效果与成墙品质等施工质量较难控制。同时TRD及三轴搅拌桩均存在大量的水泥置换土，给环境造成影响。文章结合华中科技大学同济医学院附属协和医院综合住院楼基坑工程实例，主要从工艺选择、主要质量监理措施及重难点分析三个方面对双轮铣深层搅拌水泥土连续墙（CSM工法）施工实施过程中的监理控制进行探讨。

关键词：CSM工法　施工准备阶段　施工过程监理　质量控制

华中科技大学同济医学院附属协和医院综合住院楼位于武汉市江汉区解放大道与新华路交汇处协和医院中心地带。建筑物安全等级为甲级，本工程主楼24层，裙楼5~6层，两层地下室，主楼和裙楼采用桩筏基础，基坑支护及基础形式详见图1。

图1　桩筏基础三维模型

一、场地周边环境及基坑特征

本基坑东北角有1栋7层住宅（砖混，条形基础，埋深约1.5m），距基坑约8.9m。本基坑南侧有1栋5层办公用房（砖混，条形基础，埋深约1.5m），距基坑约6.7m。基坑南侧核磁共振室距离基坑约12.0m对变形较为敏感，需重点保护。基坑西侧有改迁后的燃气管线，距离基坑约4.5m。本基坑西侧和东侧道路地下分布给水管线，距离基坑约3.0m。基坑东侧和南侧有架空的暖气管线，距基坑约2.9m，高出地面约3.0m。

基坑工程位于长江1级阶地，与开挖相关的土层自上而下依次为：（1）松散杂填土（2）可塑黏土（3）软－可塑粉质黏土与稍密粉砂互层（4）中密粉细砂，坑底主要位于"（4）层"粉细砂中。

基坑开挖深度为11.750~13.150m；本基坑为长条形，长108m，宽53m，周长约306m；基坑开口面积约4800m²。采用支护体系为：支护桩＋一层钢筋混凝土内支撑＋全封闭落底式止水帷幕（CSM），坑内布置12口深井降水，坑外布置口观测井。本工艺在上海地区得到广泛的应用，而在中南地区是首次，并且本工程CSM深度53.3m，为全国目前最深。

二、工法简介

CSM（Cutter Soil Mixing）工法是一种新型、高效、环保的等厚度水泥土搅拌墙施工技术，又称双轮铣深层搅拌技术。该技术是从地下连续墙液压铣槽机的施工原理发展而来的。其主要原理是通过钻杆下端的一对液压铣轮，对原地层进行铣、销、搅拌，同时掺入水泥浆固化液，与被打碎的原地基土充分搅拌混合后，形成一定强度和具有良好止水性能的水泥土连续墙（详见图2）。

（一）工艺的特点

1. 施工深度深、成墙品质高、止水效果显著。

· 采用导杆式设备施工深度最深可达55m。

· 由于可对原土体进行完全的铣削，与三轴搅拌桩相比接头更少，能够完全避免因施工冷缝带来的漏水风险。

· 垂直度有保证：CSM（双轮铣深搅）工法的施工参数控制主要显示于钻机的操作手监视器：获取和控制施工参数，通过转速、压力等的调整达到自动纠偏。

2. 对原有土体的强制铣、削、破碎、搅拌原理，使其更能适应坚硬复杂地层。

3. 施工工效高、施工中无振动、安全性良好。CSM设备运转灵活，施工无死角，操作方便。由于铣头及驱动均在钻具底端（施工时进入削掘沟内对周边的噪声及振动非常小），设备整体重心低、安全性高，该工艺与其他工艺特点对比分析详见表1。

4. 土壤置换率低、绿色环保（详见图3）。

5. 更少的投入、更高的回报，经济效益高（详见表2）。

（二）设计要求

1. 本工程止水帷幕共133幅，采用等厚度水泥搅拌墙，幅长2800mm，宽700mm，搭接400mm。

2. 水泥采用P.O 42.5普通硅酸盐水

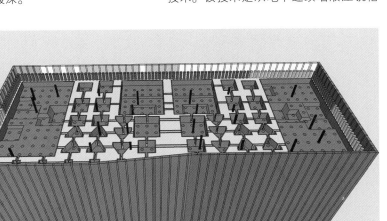

图2　CSM工法三维效果图

施工工法效率对比分析			表1
	CSM工法	三轴搅拌桩	TRD工法
转角施工	无影响	无影响	5～7天
砂卵砾石层	可施工	无法施工	可施工
软岩	效率最高	无法施工	效率低，入岩浅

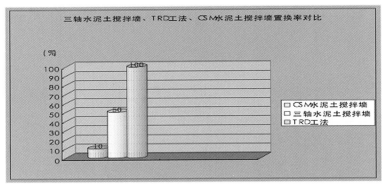

图3　三轴水泥土搅拌墙．TRD工法、CSM水泥土搅拌墙置换率对比图

三种工法回报效益对照表			表2
项目	CSM工法	三轴	TRD工法
水泥掺量	15%～18%	20%～25%	20%～25%
水灰比	1.2～1.5	1.5～2.0	1.5～2.0
置换土	10%～15%	30%～50%	100%～130%
综合价格	比TRD价格节约30%左右	400～500元/m²	800～1000元/m²

泥，水胶比 1.5。

3. 水泥土搅拌桩的水泥掺入量为不小于 15%，水泥土 28 天的无侧限抗压强度大于或者等于 0.8MPa，施工过程中注浆泵额定工作压力不小于 2.5MPa，空压机送风 0.4 ～ 0.5MPa 且泵送必须连续，不得中断。

4. 水泥浆液应按设计配合比拌制，制备好的浆液不得离析，泵送必须连续，不得中断。

5. 下沉速度 50 ～ 80cm/min，提升速度 80 ～ 100cm/min。

6. 应保证施工机械的平整度和机架的垂直度，墙体的垂直度偏差不得超过 0.5%，墙体偏差不得大于 50mm。当铣轮下沉到设计深度时，应再次检查并调整机械的垂直度。

7. 应保证 CSM 工法墙入岩（强分化粉砂质泥岩）深度不小于 0.5m，正式施工 CSM 工法墙之前，需采用可靠措施保证入岩深度。

（三）工艺流程

根据设计要求结合施工方案，首先确定 CSM 工法的施工步骤：CSM 工法墙体定位→超前钻进深度确定→预挖导沟→CSM 工法设备就位，铣头和槽段位置

对正→铣轮下沉注水切铣原位土体至设计深度→铣轮提升水泥同步搅拌成墙→钻杆清洗，废泥浆收集，集中外运→插入 H 型钢定位→移至下一槽段（详见图 4）。

（四）施工准备

1. 场地准备。根据 CSM 工法施工场地要求，利用反铲对地基情况进行试探，并对不符合要求的地方用砖渣换填。施工前必须做好场地平整和硬化，以确保双轮铣设备行走安全性。双轮铣设备必须在靠近钻杆的长船下铺垫厚度不少于 30mm、长度不少于 9m 的长钢板。施工过程中要检查靠近钻杆的长船下的地基稳定情况，如发现长船下地基塌陷、跨空，需停止施工分析原因，如有必要须提出钻杆重新处理好地基后再施工。施工过程中应监测和记录每一幅 CSM 地基在施工前、中、后的高程变化，以作为地基安全、钻进跨孔、周边建筑安全等情况的评估数据和依据。施工前必须仔细踏勘现场，需保证 CSM 工作面上方 73m 高度范围内无高压线、CSM 工作面靠场区外侧 3 ～ 10m 无行人、车辆等，CSM 工作面地下无水电气通信管线。

2. 施工用电准备。因 CSM 设备

（SC-50）用电量需求较大，在临时用电施工前，应要求施工单位编制《临时用电专项方案》，重点对用电量进行计算，以及对布设方式进行设计。临时用电布设完成后，施工单位进行自检。双轮铣设备必须做好夜间照明，钻头前、设备四角、电缆及气管浆管沿线、后台、泥浆池等用散光灯照明以保证安全施工，钻杆需用射灯照明以保证夜间施工垂直度控制。

3. 施工机械准备。据上海金泰设备厂家透析，本工程 CSM 工法墙深度变更前最大深度 53.33m，可能为目前国内最深深度。厂家为本工程止水帷幕施工特别将原 SC-50 系列双轮搅拌机进行改装。设备经拖运至场内进行组装，该设备体积庞大，高度为 59.3m。安装过程中存在一定的安全隐患。对此，对设备安装与拆卸过程编制《设备安拆施工方案》和《应急预案》。组装完成后，施工单位邀请设备厂家对组装设备进行调试验收，验收合格后进行施工。提钻全程都应冲洗钻杆，以利于换夹安全性。另外应定期检查钻杆连接螺丝紧固程度，保证安全施工。后台和供电必须做好应急保障备用措施，如最常用的备用泥浆泵及其备件、各类开关及保险等，如有经验和条件，做好泥浆泵互联互通，还应设置 150kW 备用发电机。可在一些突发故障等极端条件下保证连续施工和钻头安全。

三、本工程采取以下的监控措施

（一）施工准备阶段的监理控制

1. 场地平整及承载力的检查。根据 CSM 工法施工场地要求，监理人员通过

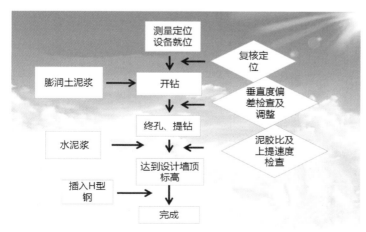

图4　CSM施工工艺流程图

对设备使用说明书熟悉了解及现场实测，因该设备体积大（12m×10m×60m），高度为59.3m，对场地地基承载力进行了核算，并要求施工单位利用反铲对地基情况进行试探，并对不符合要求的地方用砖渣换填以及钢板铺设，通过设备50m预行走来检测场地平整及承载力，监理人员将此作为特殊过程，对整个过程进行旁站监理，确保施工现场状况，满足CSM工法施工场地要求。

2. 土质情况的数据。因为双轮铣搅拌机铣头的配备对土质情况有特殊的要求，所以监理人员对工程所在地的地形、地貌、水文地质和周边环境进行认真调查研究。尤其是地勘报告、超前钻勘探钻孔数据以及标准贯入试验值统计与分析，对机械设备在施工过程中的钻进质量进行了预先控制管理（详见图5）。

3. 用电量的检查统计。由于CSM设备用电大，配套设备多。对此，监理人员对CSM设备主要动力设备及用电功率进行统计计算，其用电量约651kW，现场供电条件满足该设备需求，应急电源数量与功率大小能应对可能的不利情况发生，主要设备情况详见表3。

4. 材料方面，本工程止水帷幕施工水泥采用P.O 42.5普通硅酸盐水泥，其质和量是监理控制的重点。监理人员对进场材料厂家、出厂合格证明文件进行审查，并对水泥材料见证取样送检，审查材料检测报告合格结果后，方可同意进场使用。根据设计要求（水泥掺入量不小于15%，水胶比1.5）及结合设计院提供的土质天然重度综合设计取值对每立方土体中水泥用量进行计算，对后台设备搅浆桶体积测量计算，分析每桶水泥浆中水泥的含量和水的含量并进行现场控制。

水泥用量计算公式：

每幅CSM工法墙水泥用量 = 墙体深度 × 幅长 × 幅宽 × 土质重度 × 水泥用量

即：$52.5×2.8×0.7×1880×0.15=29018kg/m^3$，即29.018t（墙体深度52.5m）。

每立方水泥用量 = 每幅水泥用量 ÷ 墙体深度 × 幅长 × 幅宽

即 $29790÷（52.5×2.8×0.7）=282kg/m^3$，即0.282t。

5. 表格及相关控制数据计算。因CSM工法为新工艺，武汉市还没有出台相应的规范和检查表格，项目监理负责人组织人员在认真熟悉设计图纸、领会设计意图、学习CSM工艺过程的同时，对相关质量控制点的数据进行计算分析，确保工法墙各项质量指标能达到设计要求，为便于监理人员对各项设计指标进行控制，项目监理部编制了《CSM工法监理实施细则》，并制定出《CSM工法深层搅拌水泥土连续墙监理工程师检查记录表》（表4）。

水泥浆比重 ρ = 总质量 M ÷ 总体积 V

总质量 $M=900+600$（水灰比1.5，现场按900kg的水 +600kg的水泥进行配置）

总体积 V = 水体积 V_1 + 水泥体积 V_2

水体积 $V_1=900÷1000=0.9$（水的

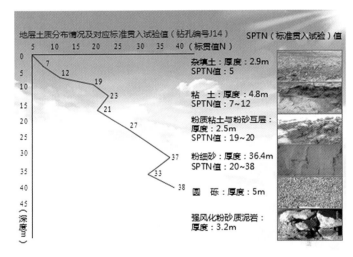

图5 土质分布信息图

主要动力设备	电机设备数量	作用	功率
		主要设备统计表	表3
主机（前台）	6个	3个用作注浆动力	3×110kW
		2个供散热器	2×2.5kW
		1个液压油泵	1×45kW
后台设备	5个	2个为抽水泥灰泵	2×11kW
		1个搅拌泵	1×22kW
		2个动力抽浆泵	2×22kW
泥浆分离设备	1个	用作泥浆净化	45kW
空压机	1个	为下钻及提钻全程提供高压空气	75kW
其他设备	6个	2个浆浆池传送泵	2×7.5kW
		2个搅拌池泥浆泵（其中一台备用）	2×7.5kW
		1个搅拌池与后台传送泥浆泵	1×11kW
		1个前台泥浆槽抽泥浆泵	1×22kW

工程名称：协和医院综合住院楼项目基坑支护工程

编号：

钻机型号	SC-50	槽段		超前钻控制区间			地面标高（m）			墙号	
设计幅宽	2800mm	设计墙厚	700mm	设计墙顶标高	21.0	设计墙深	m	设计入岩深度	0.5m	搭接长度	400mm

下行钻孔	开始时间	检查时间	下行速度（cm/min）	成孔深度（m）	垂直度偏差		终孔时间	终孔深度（m）	入岩深度（m）	用清水钻进深度（m）	用泥浆钻进深度（m）	泥浆比重
					X（mm）	Y（mm）						

上行注浆	开始时间	检查时间	上行速度（cm/min）	注浆泵额定工作压力（Mpa）	注浆流量		水胶比	每桶水泥浆水泥用量（设定）	每桶水泥浆水用量（设定）	实际水泥量	
				1	2	1	2			桶数	每桶量（t）
								1.5			

HN型钢设置	土的容重取值（T/m³）	水泥掺入量	水泥标号及批号	墙体体积（m³）	每幅墙设计水泥用量（t）	每幅墙实际水泥用量（t）	结束时间	
	1.88	15%						
			备注				值班人员	

密度是 1000kg/m³）

因水泥密度取值为 3000~3150kg/m³，因此当水泥密度是 3000kg/m³ 时水泥浆比重计算公式：

水泥体积 $V_2 = 600 \div 3000 = 0.20$，水泥浆比重 $\rho = 1500 \div (0.9+0.2) = 1360kg/m^3$。

当水泥密度是 3150kg/m³ 时，水泥体积 $V_2 = 600 \div 3150 = 0.19$，水泥浆比重 $\rho = 1500 \div (0.9+0.19) = 1376kg/m^3$。

所以水泥浆比重应为 1360~1376kg/m³ 之间。

（二）施工过程中的监理控制

1. 进场材料控制。对每次进场水泥出厂报告及配送单进行检查，留有影像资料。并建立材料进场台账，保证注浆过程的连续性（详见表4、表5）。

2. 开孔参数控制。对施工单位申报的开孔通知单中的相关设计参数进行核算，对测量定位坐标以及开钻前地面标高进行复核。

水泥进场台账 表5

批次	序号	出厂编号	生产厂家	品种强度等级	出厂合格证	出厂检验报告	出厂日期	水泥数量（t）	进场时间	累计进场（t）	同批次累计	进场复验报告
第2批	8	11426230	华新堡垒	42.5普通硅酸盐水泥	有	合格	2015.11.28	47.340+48.080	2015.11.28	554.06		
	9	11426230	华新堡垒	42.5普通硅酸盐水泥	有	合格	2015.12.1	46.3	2015.12.1	600.36		
	10	11426230	华新堡垒	42.5普通硅酸盐水泥	有	合格	2015.12.4	48.500+47.90+45.860	2015.12.4	742.62	473.53t	结果合格（区站1次）
	11	11426230	华新堡垒	42.5普通硅酸盐水泥	有	合格	2015.12.9	44.98	2015.12.9	787.6		
	12	11426230	华新堡垒	42.5普通硅酸盐水泥	有	合格	2015.12.10	47.940+48.030	2015.12.10	883.57		
	13	11426230	华新堡垒	42.5普通硅酸盐水泥	有	合格	2015.12.13	48.6	2015.12.13	932.17		

3. 垂直度控制。对下行钻进过程中钻杆垂直度利用设备仪表以及两台全站仪在 x 轴和 y 轴方向进行重点控制，保证搭接长度。因本工程采用打跳桩的方式进行 CSM 工法施工，不同的龄期，工法墙的强度不同，如果遇到左右相邻的两幅工法墙强度差异较大，将直接影响垂直偏差。所以要对与相邻两墙（中间有一幅墙未施工）搭接的两幅墙的成墙时间进行记录，并对相邻两墙之间的一幅工法墙的开孔时间进行控制。其二，针对施工单位采用旋挖引孔的方式来提高功效，经监理人员分析并结合厂家的指导意见，引孔垂直度若发生较大偏差将直接影响 CSM 工法施工下钻过程的垂直度，因此引孔的垂直度控制，是我们监理重点监督内容之一，对发现的问题，通过建立三维模型进行演示分析，及时要求施工单位纠偏并加强自检工作力度。

如：三角函数公式计算：

$$\sin a \times x = y$$

a——偏差角度

x——钻进深度

y——垂直偏差

例如：当钻进深度为 44.01m，垂直度控制仪表显示为 0.3° 时，

$\sin 0.3° = y \div 44.01$

（ $\sin 0.3° \approx 0.00524$ ），

$y \approx 0.23m$。

根据设计要求：墙体垂直度偏差 ≤ 0.5%，即

$44.01 \times 0.5\% = 0.22m$

$y \approx 0.23 > 0.22m$（不符合设计要求）

因此，需提钻重新调整。

4. 严格见岩深度控制。根据图纸会审要求，以相邻超前钻最深见岩深度作

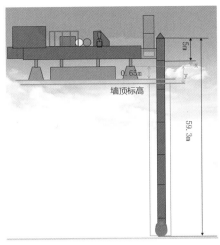

图6　墙顶标高控制图

为止水帷幕见岩深度判定标准。例如：b16# CSM 工法墙处于 CZ15—CZ16 之间（CZ15 见岩深度 52.1m，CZ16 见岩深度 52.6m），因此按 CZ16 见岩深度取值，即 52.6m（详见图 6）。

5. 终孔深度控制。通过设备仪表终孔深度显示，并结合提前对机械设备高度、钻杆标准长度等现场监理管理，综合对终孔深度进行实测。如：墙体深度 = 钻杆总长 – 钻杆露出长度，钻杆露出长度 = 顶节钻杆长度 +y+x，y= 履板高 + 地面与墙顶高差，x 为实际测量值，墙顶标高 21m，设计墙体深度 53.15m。设：地面标高 21.1m，即：x=59.3–（0.65+0.1）–5–53.15=0.4m，满足设计要求。

6. 提钻速度控制。对注浆过程进行全过程旁站监理，查看仪表上提钻速度显示数据，并在一幅一表上进行实时记录。对前期已完成施工的提钻速度，结合查阅相关地质资料，组织厂家技术指导、施工单位技术负责人、设计院工程师召开专题会，进一步分析，确认前期施工工作质量，并对后期即将施工部位的提钻速度预控给出预控指导性意见。

7. 注浆量控制。通过对后台设备计

量仪器的鉴定证书并结合水泥配比打印单，结合注浆过程旁站监理记录，对提钻速度、注浆泵额定工作压力、泵送流量进行检查，验证后台仪表显示的控制注浆量的真实性和准确性。例如：某月完成 16 幅 CSM 工法墙，本月实际进场水泥 8 次，共进场水泥 554.06t，完成 16 幅 CSM 工法墙理论水泥用量为 464.29t（每幅 CSM 工法墙水泥用量为 29.018t），监理人员将每天实际水泥用量进行统计记录，得出本月实际水泥用量为 493.30t。结合每次水泥进场前，对目前水泥罐的剩余与实际完成工法墙所用的水泥用量进行对比，再将本月实际进场水泥、理论水泥用量、实际水泥用量进行对比分析，从而达到后期进一步对注浆量进行控制。确保了不因人为原因，导致水泥土墙丧失应有的止水效果。

8. 各地层的针对性施工：CSM 工法最初在国内是在上海地区引入施工的，上海地区多属于滨海平原地貌，主要由软弱的黏土、中密的粉性土、密实粉砂组成。武汉与上海地层有诸多不同，以上提到的土层参数不同，还有大深度、大粒径卵石层。经过施工探索，得出武汉地区实际经验：初入土的 3m 内宜保持 15 ～ 25cm/min 钻进速度，喷气、喷水，以利于桩偏和垂直度控制；3m 直至穿过黏土层宜保持 35 ～ 50cm/min 钻进速度、200 ～ 300L/min 大流量喷水、高流量喷气，以避免糊钻和偏钻；进入砂层后宜保持 20 ～ 35cm/min 钻进速度、120 ～ 180L/min 较大流量喷泥浆、高流量喷气，以避免钻进过快导致泥浆与砂层搅拌不均匀引起砂层塌孔、铣头磨损严重；进入卵石层后宜保持 15 ～ 20cm/min 钻进速度、50 ～ 70L/min 小流量喷泥浆、高流量喷气，此时泥浆比重应增大，以提高

进尺速度、避免卵石碎粒沉底、铣头磨损严重；进入强风化泥岩等持力层后宜保持15～20cm/min钻进速度、100～160L/min较大流量喷泥浆、高流量喷气，此时泥浆比重不应太大，必要时可根据铣轮压力加压钻进以提高进尺速度。

9.其他质量控制：双轮铣深层搅拌水泥土连续墙开工前应开挖工作面沟槽，以满足连续施工和清障需要，根据地勘报告，一般性场区清理地障深度不得少于1.5m，对于有旧基础的场区，地障清理深度需保证3～4m。地障清理需在开工前，如遇深层障碍再清理将增加难度、增加设备安全风险、导致垂直度和墙体偏差问题等。施工过程中应针对每个勘探孔划分区域性分析，要求施工单位制定出针对各个土层不同的钻进速度、喷气喷浆流量、泥浆比重等控制表格。指导操作手合理调整施工参数。每一幅提钻后都应冲洗铣头，检查铣头磨损情况。及时维护维修，以保证止水墙体厚度。

四、监理质量控制重难点探讨

（一）土方置换。监理人员对某阶段已完成27幅CSM工法墙施工相关数据进行计算分析，每幅体积约为105m³，即共2835m³，水泥用量15%计算，应置换425.25m³土方，目前实际出土量达到800m³，即实际置换28.22%土方。原因在于本场地狭窄无晒浆场地且场区位于市中心不利于泥浆外运，施工单位迫于工期不得不购买生石灰拌干泥浆置换成土方。而在实际施工过程中，土方置换量是很难准确控制的。本项目采取的措施是做好设备保养，减小设备故障

率、购买多套铣头快速更换等措施进而减小泥浆量（施工全程都需持续喷浆）、土方置换量。

（二）速度控制。监理人员对本工程已完成施工的133幅工法墙的监理工程师检查记录表的下行钻进速度与上行提升速度进行统计分析后发现，进行旋挖引孔的工法墙的钻进速度可以超过设计下沉速度50～80cm/min，未进行旋挖引孔的工法墙无法达到设计下钻速度。对于提升速度，无论是否引孔都没有达到80～100cm/min，那么下行钻进速度与上行提升速度是否达到设计值，且与成墙质量有多大关系？在实际经验总结中发现，旋挖引孔虽有利于进度提速，但旋挖钻孔存在垂直度精度不高的先天性不足，双轮铣如遇到旋挖引孔垂直度超规范后，需要反复修孔来保证垂直度，带来进度慢、置换土过多等问题，故监理单位要求施工单位仍以施工质量为主控，采用旋挖引孔总体比不引孔进度要快，所以旋挖引孔在实际中是必要的，而旋挖引孔施工的垂直度控制是进度、质量管理的源头。

（三）机械故障。通过对下钻用时、上行用时、维修用时进行统计分析，机械故障与施工进度有较大关系，可无法判断和分析出在施工过程中，下钻时、上行时机械故障是否会对成墙质量造成影响，影响又有多大。

（四）钻杆偏钻。偏钻一般情况下分为x轴方向偏钻和y轴方向偏钻，x轴方向上偏钻又分为左右偏钻，y轴方向偏钻又分为前后偏钻。当理论墙体搭接小于设计墙体搭接，各个方向的墙体偏移对成墙质量有什么样的影响？如：设计墙深53.15m，允许偏差0.5%，即260mm；墙体厚度700mm，墙体搭接400mm。

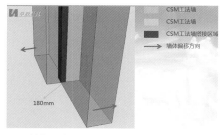

图7 墙体偏移方向图

本项目在本文成文时正在土方开挖，待完全开挖到底后及基坑运行期间可对上述（三）（四）内容项进行验证（详见图7）。

五、结语

本工程CSM止水帷幕施工历时114天，从2015年11月6日开工到2016年3月9日在建设单位约定工期内零事故完成。面对新的工艺，我们敢于尝试，敢于研究。面对施工过程中的问题，我们愿意用学习、研究的方式去采取措施，愿意用数据来反映监理工作的成果。在项目的后期，我们会关注该工艺整体效果，同时对该工艺的性能进行综合评估。

随着建筑行业的发展，新工艺、新设备会不断地涌现，作为监理方，控制好工艺过程质量是我们的本职，对新工艺的实施成果，我们也有必要去学习、研究和总结，提升我们监理的技术管控能力。

参考文献：

[1] 丁洲祥，龚晓南，俞建霖，金小荣，祝哨晨. 止水帷幕对基坑环境效应影响的有限元分析[J].岩土力学，2005，S1期.
[2] 丰秀福. 工程测量. 机械工业出版社，2013.
[3] 陈国强，许建平. 深基坑工程水压力计算及止水帷幕设计[J].建筑结构，2001，10期.
[4] 苗云霞. 三轴水泥搅拌桩止水帷幕技术在施工中的应用[J]. 山西建筑，2011，26期.
[5] SC-50双轮搅拌机使用说明书. 上海金泰.

认真做好"安全专项方案"审核，严格履行监理职责

谢岩

京兴国际工程管理有限公司

摘　要：审核安全专项方案是在危险性较大工程施工前的关键工作，责任重大。监理机构应树立法律意识、风险意识，加强自我保护，认真履行监理职责。通过对专项方案的深入审核，促进方案内容的符合性、完整性、针对性、可行性，保障专项方案指导施工的严肃性，防范安全事故的发生。

关键词：危大工程　专项方案　审核　安全风险　监理职责

前言

施工方案是指导分项、分部工程或某专项工程施工过程中生产技术、经济活动、控制质量、安全管理等各项目标落实的综合性管理文件。施工方案一经批准，即成为组织现场施工的重要依据。根据《建设工程安全生产管理条例》（国务院令第393号），《关于落实建设工程安全生产监理责任的若干意见》（建市〔2006〕248号），《建设工程监理规范》（GB 50319-2013），《总监理工程师质量安全责任六项规定（试行）》等相关规定，审查施工方案是项目监理机构在施工准备阶段的关键工作，承载着质量安全的监理责任，也体现着监理服务的优劣。

《危险性较大的分部分项工程安全管理办法》（建质[2009]87号）第三条"专项方案"是指是指施工单位在编制施工组织（总）设计的基础上，针对危险性较大的分部分项工程单独编制的安全技术措施文件，即安全专项方案。危险性较大的分部分项工程（以下简称危大工程）施工过程中存在可能导致人员群死群伤或造成重大不良社会影响的安全事故风险，监理单位作为施工现场质量安全责任主体之一，必须认真履行法定监理职责，防范事故，保护自我。如何做好专项方案的审核是项目监理机构开展工作的重点。

一、审核前的准备

在施工单位申报专项方案前，项目监理机构应结合工程实际，通过信息沟通等手段对危大工程的施工进行初步分析，实施预控管理，为提高专项方案审核效果，充分做好审核前的组织、技术等方面准备工作。

在施工准备阶段，总监应组织各专业监理工程师学习施工承包合同文件（合同协议书、工程量及价格、合同条件、招标投标文件、中标通知书等），熟悉施工图、地勘报告等资料，掌握工程特点和设计要求，了解工程所处的地理地质条件、社会环境、周边既有建筑物及设施、地上地下水电通信管线等情况。结合监理经验，初步分析工程难点和重点，辨识风险源。

收集和学习与本工程有关的国家地方法规、技术规范与标准，了解规范、标准的更新变化情况，掌握强制性条文。熟悉地方政府主管部门管理规定的具体要求。

与建设单位和施工单位开展积极沟通，收集工程信息，了解施工进展情况，施工准备情况和施工管理情况。

利用首次工地会议（监理交底会）对专项方案的编制提出具体监理要求。提醒施工单位不可编制方案随意化，应结合工程实际具有针对性和可行性。说明报审时间，审批流程和签章要求，编制内容的规范要求，并进一步强调不得背离合

同,不得擅自变更专项方案的基本原则。会议内容均应在会议纪要中详细记录。

在收到专项方案前,总监尚应组织项目监理机构内部的方案审核交底,布置分工,落实各专业工程师审核职责,明确审核重点、审核意见、完成时间、审核反馈等事宜。

二、符合性完整性审核

专项方案应依据建质[2009]87号文和《建筑工程施工组织设计规范》(GB/T 50502-2009)以及地方政府颁布实施的地方规程与标准进行编制。在审核中应重点控制:

施工单位的审批手续必须齐全有效。专项方案须由施工单位技术负责人审批签字并加盖单位公章,如果方案由分包单位编制,由总承包单位技术负责人及分包单位技术负责人共同签字并加盖双方的单位公章。施工单位技术负责人的姓名应与企业资质证书中载明的内容相一致,单位公章应是与施工承包合同中对应施工单位的公章。按照《建设工程监理规范》表B.0.1,专项方案的报审表还应有项目经理签字并加盖注册执业用章。

超过一定规模范围的危大工程应由施工单位组织专家论证,形成专家论证报告或意见书,据此对专项方案进行修改完善。所以应重点核查方案修改完善前后的不同之处,验证是否按照论证报告进行了有效修改完善。最后应在监理审核意见中对此予以说明。

方案主体内容齐全,无缺漏项,符合建质[2009]87号文第七条编制内容的基本要求。除工程概况、编制依据、施工计划、施工工艺技术、施工安全保证措施、劳动力计划、计算书及相关施工

图纸等基本内容外,还应该结合国家现行的部门规章和实际工作需要,增加工程特点难点分析或风险分析、工程的检验程序和具体要求,如果由分包单位编制,尚应增加总分包质量安全责任的划分、相互协调配合等内容,使方案编制更加具有针对性。

编制依据应包含总分包施工承包合同、施工图、国家和地方有关适用的技术规范、规程、图集等,相关法律、法规以及地方的行政管理规定。审核上述依据是否为现行有效版本,是否适用于本工程。

在工程概况的描述中应注意审核工程名称、建设地点、规模应与施工许可相吻合;建筑特征、结构特点、设备特征应与设计图纸相吻合;各参建单位的名称与合同相吻合;水文与地质条件应与地勘报告相吻合;建筑场地、场内外地下管网及构筑物、施工道路、毗邻建筑物、施工现场状况、施工条件、四通情况、资源供应情况与现场客观情况相吻合。

专项方案是在施工组织设计的基础上单独编制的,审核专项方案中的管理目标等内容时,应注意包括进度、质量、投资以及安全文明施工目标在内的内容都必须符合施工组织设计的指导原则,不得背离。

施工单位派驻现场的项目管理组织机构的设置与合同相符。尤其是项目经理、专职安全员、项目技术负责人应与合同及承诺书相符,不得随意变更。

涉及总、分包单位承包范围的内容应与合同保持一致。

三、针对性可行性审核

完成对专项方案符合性、完整性的初步审核后,应进一步对方案是否有针对性和可行性进行全面审核,下述几方

面需要加强审核。

通过审核工程概况和特点难点分析等内容能够初步了解施工单位对工程是否有全面深入的理解,进而判断方案编制能否具有针对性、可行性。有的施工单位编制方案没有责任心,缺乏安全风险意识,没有用方案指导施工的基本原则。方案编制人没有深入现场充分摸底,未做好技术准备,编制方案时只为完成任务,抄袭照搬,应付了事,结果因为材料设施无法供应、施工作业人员技术水平达不到、现场条件不具备等多种因素,导致方案无法实施,给工程进度、质量、安全管理带来隐患,甚至带来索赔风险。项目监理机构要综合运用好前期所掌握的信息资料,必要时应进一步深入现场收集人员、机械、材料、工艺、环境、配合等信息,力争通过审核程序促进专项方案各个内容真实反映现场客观情况,提升专项方案的实施效果和质量,防止方案编制与现场执行出现"两张皮"的脱节现象,给监理工作带来更多后患。

深入审核专项方案是否符合工程建设强制性标准。依据《实施工程建设强制性标准监督规定》(2015年1月22日住房城乡建设部令第23号修正),工程建设强制性标准是指直接涉及工程质量、安全、卫生及环境保护等方面的工程建设标准强制性条文。由于在设计、采购、施工、验收等各个环节国家均有强制性条文的要求,所以审核方案内容是否符合强制性标准是具有较高难度的,这就要求项目监理机构必须提前做好技术准备,收集资料,积累储备知识;这也反映出监理人员的专业技术水平以及敬业程度。结合危大工程的实际管理需要,应该从总体方案设计、施工方法和工艺、材料、机械设备、验收程序等重点环节

进行把关，对涉及安全技术的内容逐一详细审核。其中国家或地方已经明令禁止、限制使用甚至淘汰的施工方法、工艺、材料、机具等应引起重视。

建质[2009]87号文对应组织专家论证的范围进行了规定，同时也对可量化规模的工程规定了限值。在实际操作中，很多施工单位为了省时省力，刻意模糊限值概念，规避专家论证程序。例如实际要搭设50m落地式双排脚手架，说成49.9m就可以不用专家论证，项目监理机构应有清晰的概念，并对现场实际情况了如指掌，在JGJ 130–2011中，2.1.20条定义了"脚手架高度"是指自立杆底座下皮至架顶栏杆上皮之间的垂直距离，这也是计算高度时取值的依据，因此当判断现场实际搭设会达到限值时必须要求组织专家论证。

专项方案中的计算书及设计图纸是方案的重点，是验证方案安全可行的理论依据。审核时注意几方面细节：①及时了解规范的更新与变化，正确理解现行各专业规范中的设计计算要求，保证计算依据正确，取值无误；②计算内容符合规范要求，需要计算复核的项目应全面、无缺项，并且计算步骤明确；③与计算内容配套的图纸须齐全，标识准确；④计算过程清晰，是否满足安全规定的结论应确切；⑤针对方案中受力特殊的部位、构件等应单独计算，并与方案设计的基本原则相符，以保证计算复核全面完整；⑥使用专业软件进行设计计算，应注明软件有效版本号，说明计算参数录入数值或附截图；⑦计算书如存在照搬硬套，没有针对性等问题应及时返回，要求重新计算。

审核安全管理措施内容时，要注意危大工程安全管理组织机构的人员应标明真实姓名，岗位职责符合有关规定，

尤其是项目经理必须到岗履职，并做好带班记录。技术负责人应结合方案组织安全交底，组织并参加工程验收。专职安全员的配置人数要符合要求。审核危大工程安全管理制度是否健全，依据《中华人民共和国安全生产法》第三十八条，必须建立安全事故隐患排查制度。审核专项安全检查参加单位、人员，检查频率和检查记录要求的内容，危大工程的预警监测，过程检验和最终验收的程序、组织、记录等内容，均应符合相关规定。

施工方案是现场施工的重要依据，很多施工单位在方案编制中为调增费用或进行索赔埋下伏笔，因此还应对方案所涉及的造价风险因素进行基本识别与预控。项目监理机构应审查施工方法及工艺、材料等与已经审批的《施工组织设计》有无原则性偏离，同时留意与工程量清单的项目特征描述有无明显出入。如有问题应由施工单位澄清是否存在费用的调整问题。防止因费用问题导致专项方案无法正常实施。

四、审核意见及处理

项目监理机构完成专项方案的审核后，应立即对审核结果进行反馈。

当不同意专项方案内容，应以书面形式明确指出存在的问题，要求施工单位修改完善并在指定时间内再次报审，该书面资料应留存在监理部备查。

专项方案符合要求时，项目监理机构应批准并签认《专项方案报审表》。审批的书面意见应体现出审核管理流程。在专业监理工程师审核意见的基础上，总监应特别明确几方面意见或要求：①是否同意方案内容；②落实专项方案并

不得随意变更或修改，否则须重新执行报审程序；③要求施工管理人员按规定履职到位，特种作业人员持证上岗；④对安全管理资料的及时性、真实性提出要求；⑤强调要求原材料、机械设备、临时支撑等设施必须经过验收合格后方可使用；⑥对易发生管理疏漏的关键环节或主要危险源提出安全警示。

由于专项方案必须在正式施工前完成审批程序，所以要求施工单位考虑组织专家论证的时间安排提前完成编制工作。项目监理机构在收到方案后应立即组织审核，为了留有充足的修改完善时间以及施工准备时间，应在正式施工前7至10天提出审核意见。

结语

专项方案是指导危大工程现场施工作业的依据，也是安全事故调查的重要证据。身为监理工程师，尤其是总监更应认识到审核危大工程专项方案的重要性和关键性，审核成果关系到工程能否安全稳定地进行，监理履职是否严谨细致，更关系到能否规避风险，实现自我保护。

近年来，为了保障建筑业健康可持续发展，住建部不断推进和强化安全文明施工的整治工作，加大了检查频率和处罚力度。通过很多安全事故案例，可以看出施工安全形势不容乐观，涉事的监理企业和从业人员均依法受到严厉的处罚，监理肩负的安全责任还是巨大的。身为监理人，在安全问题上，要有如履薄冰、如临深渊的态度。只有牢固树立法律意识，严格规范地执行监理程序，加强安全风险辨识与防范管理，不断总结和积累经验，提高专业技术水平，才能真正提升和完善自我保护能力。

施工图设计不应属于"咨询"，也不能属于"咨询"

章钟
浙江省建设工程监理管理协会

摘　要：全过程工程咨询服务与工程施工生产有着本质的区别。施工图设计属于施工生产的一部分，不应属于"咨询"，也不能属于"咨询"。

关键词：咨询　全过程工程咨询　施工图设计

为推动我国工程项目建设管理方式的改革，2017 年 2 月 21 日，国务院办公厅印发了《关于促进建筑业健康发展的意见》（国办发 [2017]19 号），正式提出了全过程工程咨询的建设管理模式。5 月 2 日，住建部下发了《关于开展全过程工程咨询试点工作的通知》（建市 [2017]101 号），正式启动了全过程工程咨询试点工作。这是我国工程建设领域的一项重大改革举措，对提高工程建设管理效率、提升国家投资效益、保证工程质量无疑都将起到重要的作用。然而，在全过程工程咨询试点过程中，有关施工图设计是否属于全过程工程咨询业务范畴，在业内引起了激烈的争议。有的观点认为，不但施工图设计肯定属于"咨询"的范畴，而且还认为工程咨询就应该以设计为龙头。他们的理由主要的一点就是，国外都是将设计列入咨

询范畴的，国外也一直是这样做的。但笔者认为，在当前我国法律制度和设计市场环境下，施工图设计不但不应该属于"咨询"，而且不能属于"咨询"。

一、施工图设计不应属于"咨询"范畴

工程设计按不同阶段，可分为方案设计、初步设计和施工图设计。由于成果的可选择性，方案设计应该属于咨询范畴。初步设计有其两面性，一方面初步设计时还存在多种可能的选择，这一属性可归属于咨询范畴；另一方面，初步设计的成果基本确定了施工图设计的主要内容和框架，这一属性就不再应该属于咨询的范畴，而应属于生产行为。施工图是用于指导施工的确定性成果，则完全不应该属于咨询范畴。

（一）"咨询"的正式含义。《现代汉语词典》对"咨询"一词的正式解释为："征求意见（多指行政当局向顾问之类的人或特设的机关征求意见）"。据此"咨询"的含义，可理解为被咨询者根据自己的经验，向咨询者提供自己对某一事物或某一问题的意见或建议，而决策权依然在咨询者手中。咨询者听取被咨询人提出的意见或建议，认为正确的可以采纳、认为不正确的可以不采纳。如果决策有失误，损失依然要由作出决策的咨询者承担，提供咨询意见的被咨询人是不承担决策责任的。根据《现代汉语词典》的解释，结合工程建设领域实际，笔者认为，在工程建设过程中，前期的投资机会研究、投融资策划、项目建议书、可行性研究报告、工程方案设计（包括部分初步设计属性）等更接近于"咨询"的概念。比如工程方案的设

计，建设单位可委托多家设计单位提供方案设计，选择某一其认为优秀的方案采纳并使用。而目前国外大多数国家的"设计"实际上仅仅是负责方案的设计（有时也包括初步设计），这就是为什么在国外将"设计"列入"咨询"范畴的道理。而在我国，不仅施工图设计不应该属于"咨询"范畴；而且，报批报建管理、合约管理、工程监理、招标代理、造价审计等都不应属于"咨询"范畴。因为报批报建管理、合约管理、工程监理、招标代理、造价审计等这些工作更多地是一种管理行为，而非咨询行为。

（二）设计是一种生产行为，而非管理行为，更不是咨询行为。一个项目的正式落地实施，需要有两个环节。一是进行施工图设计；二是正式施工。设计是将业主的建设需求反映在图纸上，施工单位的任务是将纸上的图形变为实物，两者缺一不可，是一个整体的环节。在我国，只是因为资质管理的需要，将"设计"与"施工"人为地分割成为两个主体。另外，工程设计直接涉及工程质量、涉及工程投资，施工图设计单位和

施工图设计人员是有法律责任的（请注意，方案设计是没有责任的，也不需要资质）。因此，施工图设计（包括初步设计的部分属性）既不是一种"咨询"行为，也不是一种"管理"行为，完全是一种生产行为，是生产环节的一个重要组成部分。事实上，在国外施工图设计基本上都由施工单位完成，施工图设计也完全是属于施工过程的一部分，并非属于咨询单位的工作内容。因此，施工图设计（包括部分初步设计属性）不应属于"咨询"范畴。

另外，《合同法》第二百六十九条规定："建设工程合同是承包人进行工程建设，发包人支付价款的合同"；这一条就将设计定位为"进行工程建设"。第二百七十二条规定："发包人可以与总承包人订立建设工程合同，也可以分别与勘察人、设计人、施工人订立勘察、设计、施工承包合同"。很明显，《合同法》将勘察合同、设计合同与施工合同并列为业主与生产方签订的进行工程建设需要的生产服务合同，而非委托咨询服务合同。设计行为显然不属于咨询。

二、施工图设计不能属于"咨询"范畴

前面提到，笔者认为，不仅施工图设计不应该属于"咨询"范畴，而且，报批报建管理、合约管理、工程监理、招标代理、造价审计等都不应属于"咨询"范畴。因为报批报建管理、合约管理、工程监理、招标代理、造价审计等这些工作其实质更多地是一种管理行为，而非咨询行为。但在我国，一直以来，习惯上将报批报建管理、合约管理、工程监理、招标代理、造价审计等作为

"工程咨询"的内容。根据我国工程建设管理的实际情况和需求，对"工程咨询"到底应该包含什么内容，可以根据实际需要来进行定义，而不必非要死扣《现代汉语词典》的解释。但关键是，将施工图设计列入"工程咨询"范畴，是利大于弊，还是弊大于利？如果是利大于弊，就可以列入；反之，如果是弊大于利则应当排除。

（一）将施工图设计列入"工程咨询"范畴，会产生巨大的投资漏洞。当前，全国各地都在进行设计、施工一体化的工程总承包试点，并且工程总承包必将成为今后工程建设的一种主要组织方式，在全国普遍推广实施。在工程总承包模式下，施工图设计单位和施工单位是一体的，他们两者的利益是一致的。按我国现行法律制度和模式，施工单位的任务是按图施工。也就是说，施工单位对工程造价的操作空间是很小的，如果不偷工减料，其操作空间几乎为零。但施工图设计对工程造价的影响就大得多，也就是说，设计单位对工程成本的操作空间是巨大的。这时候，如果设计单位能从工程成本中直接获利，将大大激发其从中谋取不法利益的冲动，也极大地增加业主控制工程成本的难度，有可能使得部分投资资金直接落入承包商（包括设计单位）的口袋，这是一个巨大的漏洞。事实上，这种情况在目前的EPC项目中已经成为现实，EPC总承包企业（有可能是设计单位、也有可能是施工单位）正在暗中偷乐。这时候，迫切需要有一个强有力的咨询企业，从维护业主利益的角度出发，对工程成本、投资效率进行强有力管控。而这个咨询企业，必须是一家与该项目的设计单位或施工单位没有利益

关系的其他单位。

（二）将施工图设计列入"工程咨询"范畴，不利于质量安全管理。就工程质量而言，设计、施工都具有重要的影响。就某种角度讲，设计对重大工程质量问题，更具有决定性的影响。20世纪90年代末，我国发生了几起重大的桥梁坍塌事故。分析其原因，设计未考虑施工条件，结构体系选择不够慎重、选用工艺过于先进，设计存在一定的缺陷是无疑的。为此，在《建设工程质量管理条例》的出台过程中，国家专门设置了施工图审查制度，这就是专门加强针对设计管理的一项重要举措，是十分必要的。但施工图审查，只是针对强制性条文执行情况的审查，其审查的内容有限，不足以保证整个设计一定是最优化、最经济、最合理的。要保证一个项目的设计最优化、最经济、最合理，其责任就义不容辞地落在了"工程咨询"单位

的身上。这时候，如果设计单位和咨询单位是"同体"的，是穿"同一条裤子"的，何谈管理？何谈控制？何谈监督？另外，我国现行的管理体制，对施工的监管已经形成一套有效的机制，而对设计质量的监管基本上仍是空白。这时候也迫切需要有一家强有力的咨询企业对工程质量安全（包括对设计质量）进行有效管控。

综上所述，笔者认为，不管是工程总承包模式下，还是非工程总承包模式下，都十分需要有一个强大的咨询企业从维护业主利益角度，对工程投资、工程质量安全进行有效管控。如果施工图设计单位与咨询单位一体化，让设计与相关各方穿"同一条裤子"，就无法起到管控的目的。这样机制是一个好的机制吗？值得大家深思。在同一项目的实施中，只有将设计、施工的"生产方"与咨询的"管理方"分离，设置一个"回

避"机制，才能形成一个良好的相互制约机制，才是一个好的约束保障机制，才有可能保证工程投资效益和工程质量。

在此需要说明的是，笔者并不反对设计单位从事全过程工程咨询工作，反对的是在同一个工程项目中，施工图设计单位和工程咨询单位一体化；反对的是同一项目相关的"生产方"和"管理方"穿"同一条裤子"。让相关各方穿"同一条裤子"的机制，有弊无利，应对此高度警惕。

当前，全过程工程咨询试点正在各地开展，今后必将成为我国工程建设管理的主要模式。相关部门也正在研究制定相应的配套政策。在这个节骨眼上，政策制定者应当认识到这个问题的重要性，进行认真研究、广泛听取意见、深入思考，立足于国家的利益，确立一个有利于保证工程投资效益保证工程质量安全的一个好机制。

浅谈天然气管道建设的质量管理和安全控制

符精运

海南民益工程技术有限公司

摘　要：天然气作为一种清洁能源，在全球能源状况日趋紧张的形势下，开始发挥愈发重要的作用，加强天然气管道施工企业的质量管理和安全控制作为企业管理的重要内容一直受到企业界和科研工作者的重视。本文结合天然气管道现场施工的实践和管理经验，对当前天然气管道建设的质量管理和安全控制进行分析。

关键词：天然气　管道　质量管理　安全控制

引言

天然气管道工程建设，投资和消耗的人工、材料等资源都相当大，其工程项目质量的优劣不仅直接关系到工程的可用性、企业的生存，还影响着人民生命财产的安全和社会的安定团结。同时，安全的重要性是永恒的主题，它是人类生存，社会发展的最重要、最基本的要求，安全生产更是人民群众生命健康的保障，是社会稳定和经济发展的前提。因此，天然气管道建设项目质量管理和安全控制具有重要的意义。

一、天然气管道建设的特点

天然气管道建设项目一般周期较长，从开始计划到最后实施要经历一个漫长的过程。同时，天然气管道建设项目工作内容繁多，涉及面较广，施工程序较为复杂，施工环节也比较繁琐。而且，各个工序和施工环节之间又存在千丝万缕的联系，施工现场往往涉及各个工程专业工种的配合施工及现场协调管理。天然气作为一种易燃易爆气体，具有较高的危险性，为了防止泄漏，必须要重视管道建设和安全管理。

二、加强天然气管道质量管理对策

（一）加强天然气管道施工人员的质量管理

制约天然气管道工程项目施工进程的主要因素不是机械设备、不是资金问题，而是工程技术人员和管理人员。

天然气管道工程项目的施工企业首先要重视专业人才，引进拥有经验的人才作为项目的领导者和实施者，其次要严格遵守资格注册制度和持证上岗制度，不能允许无证上岗现象的发生。有了好的领导，下一步就是对整个施工队伍进行专业和安全培训，培养施工人员的技术水平和重视质量管理的意识，时刻保持警惕性，对质量和安全隐患起到防微杜渐的作用。天然气管道工程项目施工中的一些操作和工序，应该以人作为控制重点，例如高空作业、深基坑开挖、现场用电安全、易燃易爆品管理以及技术难度大的工序，都要先把施工人员的技术培养过关，然后对施工人员进行心理辅导，使他们对技术难度大的工程项目有一种平和的心态，同时又要保持认真稳重的工作态度。

（二）天然气管道工程施工材料质量管理

加强施工材料质量管理，不单单是

提高了工程整体的质量，也是在一定意义上实现了工程项目的投资目标和生产目标。这是直接影响工程质量的重要因素，应作为天然气管道工程项目控制的重点。天然气管道项目中的管材（包括PE管、无缝钢管、不锈钢波纹管、暗埋防腐管、铝塑管、不锈钢管等）、调压设备、管件配件、燃气表、焊条都应该重点控制其材质和性能，还应定期检查仓库材料的堆放，做好材料防雨防晒防潮的相关措施，确保材料质量符合要求。

对原材料、半成品及工程相关设备进行质量管理的内容要全面和完整，应该是多方面的。第一点要先管理材料和设备的各种技术参数和属性与设计文件、图纸是否相符；第二点是要管理工程所进材料是否符合国家和行业的标准以及规范；第三点要完善验收的相关程序和文件，包括节能低碳材料的采用，严禁工程使用国家以及明令禁止或淘汰的材料来进行施工；第四点施工单位在施工过程中要认真贯彻执行质量文件中关于设计材料的管理标准，监理单位要严格监督和管理。

（三）天然气管道工程施工机械质量管理

天然气管道工程项目施工中的机械包括施工过程中的各种机械设备，如起重机、运输车辆和设备、焊接机具、加工机械、测量、计量仪器等工具。天然气管道工程项目施工中的机械设备是施工的重要基础，合理选择并正确使用施工机械对保障施工质量非常重要。首先，天然气管道工程项目施工中的机械设备（主要有焊接设备、穿孔机发电机、空压机等），需对包括型号、性能参数等方面的合理控制，要符合安全、适用、经济以及环保等方面的要求。其次，天然

气管道施工工程项目中适用的安全绳、吊篮、脚手架、打磨机等设备，除了要按照规定的标准定额选用之外，还要根据实际需要按设计及施工要求进行专项设计，其设计方案和质量管理验收作为重点管理要素。第三，施工中的机具、设备要时刻保持完好状态，建立专门的修理保养班，负责工地上所有施工机具、设备的维修任务。维修班组必须认真执行公司设备巡回检查制度、设备维修保养制度及油水管理制度，建立消耗材料常用的配件库，准备充足的备件，保证现场设备完好。

（四）设置重点质量控制点

质量控制点应该选择那些技术高、难度大、对工程项目质量影响大或者危害性大的对象进行设置。

1. 要对施工作业班组进行交底工作，使每一个作业人员都明确关键质量控制点、作业规程以及质量检验评定标准，掌握好施工操作要领，技术管理方法。质量管理人员要在现场进行指导和验收。

2. 要做好天然气管道工程施工质量的动态设置和跟踪管理。所谓动态设置指的是在工程项目开工之前、设计交底和图纸会审时，可以确定重要的质量控制点，并随着工程项目的展开、各种施工条件的变化而变化。动态跟踪管理是指应用动态控制管理，严格按照三级检查制度进行检查，在发现质量问题时，应马上停工，快速查清问题源头并予以整改，整改完成后方可复工，存在质量问题要及时进行整改。

3. 对关键质量特性的控制。对"人、机、料、法、环"选择关键质量特性，如对庭院埋地管道及明装燃气钢管施工工序进行检查，保证埋地管道施工

的深度符合设计标准，保证明装管道安装符合设计图纸及满足业主的使用安全，实现对关键质量特性的动态分析和控制。

4. 对质量控制点监控，依据设计图纸及有关规程，采取旁站、巡视、平行检验等不同的监督手段对施工质量进行控制。加强施工过程质量监督管理，在施工单位自检合格的基础上，监理单位应进行复检监督检查，发现问题及时下达《监理工作联系单》或《监理工程师通知单》，要求施工单位按照《城镇燃气设计规范》2006年版进行整改，须整改合格后方可进入下一道工序施工，保证施工质量符合要求。

（五）加强隐蔽工程验收和成品质量保护

天然气管道工程项目施工方首先完成自检并检验合格，然后填写专用的《隐蔽工程验收单》，单中所列的内容应该与实物完全一致，同时通知监理机构及相关单位，按照约定的时间进行隐蔽性工程的验收。验收合格的隐蔽工程由各方共同签署验收记录，验收不合格的隐蔽工程，应按验收整改意见进行整改后重新验收。天然气管道工程项目已经完工的成品保护，是为了避免已经完成的成品受到来自后续施工方和其他方面的污染或者不同程度的损坏，已经完工的成品应采取相应措施进行保护，在工程项目施工组织设计和计划阶段就应该从施工顺序上作整体考虑，防止工序不当而造成各种作业的相互干扰、污染和损坏。

（六）加强天然气管道工程竣工验收及竣工资料质量管理

天然气管道工程竣工验收作为安全通气的最后一道管卡，应组织相关参建单位（政府部门、建设单位、设计单位、

监理单位、施工单位、管线维护单位等）达到现场，严格按照设计图纸及国家相关天然气规范对现场进行检查验收，对已经完成施工的天然气管道进行吹扫和压力验收，保证天然气管道验收质量符合要求，并可从如下几点进行检查：1）对庭院埋地管道质量进行抽点检查埋地管道防腐质量是否符合要求；2）对庭院埋地管道进行测线及埋设标志桩的准确性进行抽查；3）对明装管道进行观感质量检查，主要有：管道刷漆、焊口防腐、管卡支架固定、调压箱设备参数及支墩支撑、放散设备及放散管、天面防雷搭接、管道与其他管线或设备的间距、泄漏报警器验收、阀门过滤器等设备检查；4）对照现场与竣工图纸，确保竣工图纸准确；5）按照规范进行吹扫验收及压力验收，做好验收记录及相关日志记录；6）现场检查管道施工是否存在建设单位私自改变建筑构造（造成包封管道）等问题，确保管道施工符合规范要求。

天然气管道竣工验收合格时，施工单位应按照工程建设的相关规定，及时提交工程竣工资料，加强工程竣工资料管理，确保竣工图纸与现场相符，方便管线运营部门进行巡线检查，避免因后期管线位置无法确定而存在安全隐患。加强工程竣工资料的及时归档、备案及完善竣工资料的质量管理，从严把关，保证天然气管道的运行安全。

三、天然气管道安全控制对策

（一）加强施工现场安全管理，确保施工人员的安全

天然气管道施工现场人员较为复杂，各个施工单位存在交叉作业，且天然气施工作为工程建设的一道工序，必须做好现场施工安全管理，如进入施工现场必须佩戴安全帽、高空作业必须严格按照要求做好安全警示区域及监护人的监督管理、深基坑开挖必须按要求放坡处理等，严格按照规章制度进行安全施工。

（二）做好施工人员的安全培训，定期召开安全会议，提高安全意识

施工人员上岗作业前，必须对其进行安全教育培训，告知安全的重要性及做好相关安全措施。而且，要定期对施工人员进行安全培训管理，提高施工人员的安全意识，同时，要经常性地召开安全会议或者是专题的会议，把安全当做工程建设的重要组成部分，保证天然气管道建设过程的安全。

（三）加大宣传，为天然气管道的安全管理营造良好的氛围

对天然气管道周边的群众进行安全宣传，让广大群众意识到天然气的危险性，让他们知道突发天然气安全事故时应采取的措施，让他们提高认识，不随意占用天然气管道区域。同时，让他们自觉地参与天然气管道的维护与保养，最大限度地预防事故的发生。只有让群众充分认识到天然气管道安全的重要性，才能让他们积极参与到管道维护中。

（四）加强制度建设，用制度保证安全管理的力度

要想保证安全管理工作的落实，必须要健全相应的制度。要健全各种安全管理制度，为安全管理工作提供依据。制度的制定要严谨、细节化，要明确安全管理中不同人员的分工，让大家各司其职。比如，要建立安全检查制度，安排人员定期做好天然气管道的安全检查工作，要建立定期巡查制度，安排好巡查值班表，加强管道沿线的巡查工作。

（五）建立天然气管道的完整性安全管理模式

所谓完整性的安全管理模式即指的是利用现代信息技术的成果，建立一个完整的信息数据库，并以此为依据对天然气管道进行动态管理。如在埋地管道施工过程中，对开挖的埋地管道进行现场测线绘制管位图（下管时测线，即使用专用测线设备，将管线位置、管道大小、属性等上传至电子地图内，实现地下管网使用卫星定位，后期使用电子图查询即可），确保管道的准确性，并在后期进行测线埋设标志桩（也可依据测线设备进行埋设），以保证管道位置准确，避免后期其他单位开挖或者破坏。实施这种完整性的管理模式，可以降低安全管理的成本，可以实现管理的规范化和标准化，可以避免和及早发现安全隐患，有效地降低管道运行中的风险，保证群众的生命财产安全。

四、总结

综上所述，对我国这样一个能源紧缺的国家来说，充分地开发和利用天然气是保证经济社会平稳发展，保证国家能源安全的关键。因此，必须要认真对待天然气管道建设中的问题，做好天然气管道质量管理，做好天然气管道的安全控制，从根本上保证天然气管道的运行安全。

参考文献：

[1] 呼延涛.浅析天然气长输管道建设工程的管理及安全控制 [J].科技创新导报，2012，20.
[2] 何文杰、王杰.天然气管道焊接施工质量控制措施[J].河南建材，2010，06.
[3] 城镇燃气设计规范 GB 50028-2006.

监理工作平衡的智慧

陈义华

湖北环宇工程建设监理有限公司

摘　要："智慧"是利用知识解决系统问题的能力。影响智慧表现的因素是掌握的知识数量和结构。监理是工程建设行业中的重要角色之一，监理工作需要一定的素养、学识与经验的结合，需要站在不同参建单位的角度，体会各方感受，平衡各方关系，力求共赢，实现全面工程目标的工作能力。做到这些需要一种平衡的智慧。

关键词：监理　平衡　智慧

小伙伴们被大人夸作聪明一直是一件高兴的事，夸奖亲戚朋友家的孩子聪明也是一种礼仪和恭维的常用做法。不知道是从什么年龄开始"聪明"这个词用上去感觉有点不对头了。聪明就那样变成了小聪明、无谋略、无远见的代名词，当聪明从十足的褒义词变成一个中性甚至是贬义词时，成熟的你需要的更应当是智慧。

混沌的我进入百度词条，文中解释令人茅塞顿开。聪明可以与生俱来，但是智慧必须通过后天的学习才能达到。我们可以说一个小孩很聪明，但不能说他很有智慧，就是这个道理。聪明者耳灵为聪，眼清为明。智慧是利用知识解决系统问题的能力。影响智慧表现的因素是掌握的知识数量和结构。世人往往错把聪明当智慧，误认智慧为愚蠢。殊不知聪明人大多缺乏智慧，智慧人一般

不耍聪明。

监理是工程建设行业中的重要角色之一。监理人员理应对控制工程质量、进度、造价和安全生产管理发挥较好的作用。环宇监理一度推崇"敢管、能管、有办法管"的工作理念，细琢磨一下，这是一个渐进的过程。首先是敢管，是一个监理从业者最基本的素养，是对自己监理岗位职责（当然也包括权利）的基本认识下的责任意识体现。其次是能管，是作为一个监理从业人员，具备应有的文化素质、技术经验能力和管理知识体系后，进行的有效监理行为。最后才是有办法管，这个办法不是法律、规章和规范的条文，也不单独是教科书中的管理科学和方法论。需要的是素养、学识与经验的结合。是一种智慧，一种历经磨炼中成长起来的，能站在不同参建单位的角度，体会各方感受，平衡各

方关系，力求共赢，实现全面工程目标的工作能力；是一种平衡的智慧。

我国是一个有中国特色的社会主义国家，社会基础设施建设是关系国计民生的大事，电力工程建设是社会基础设施建设的重要组成部分，工程建设的根本目的是为了不断满足人们日益增长的物质文化生活需要，所以作为工程建设的主要参与者监理人员应当深懂这个道理，要善于发挥工程建设管理的中心协调作用，充分协调平衡好参建各方关系和利益，实现基本工程目标的同时不偏离建设的根本宗旨。监理工作中"平衡"是一种不可或缺的智慧。

平衡智慧是管理协调的最好手段

要说"平衡"是监理工作中不可

或缺的智慧，首先平衡智慧是管理协调的最好手段。工程建设的参建单位主要包括建设单位（业主单位和建设管理单位）、施工单位、设计单位、勘测单位和监理单位。监理单位受建设单位委托，根据法律法规、工程建设标准、勘察设计文件及合同，在施工阶段对建设工程质量、进度、造价进行控制，对合同、信息进行管理，对工程建设相关方的关系进行协调，并履行建设工程安全生产管理法定职责的服务活动。其中管理协调是进行其他管理控制活动的基本手段，过程中要特别注重平衡的原则和方法。

一是工作目标的协调和平衡。虽说参建各方有共同的工程目标，但却各有职责分工，在工程目标分解时就会产生不同的分解目标。当分解目标出现矛盾冲突时就必然导致行动的差异。因此，协调好不同参建方和人员之间的工作目标差异，实行个体服从整体，局部服从全面，一切为更好实现整体目标为准的思想，平衡协调各方工作目标是目标协调的主要内容和基本原则。

二是工作计划的协调和平衡。不同的工作分解目标决定了不同的工作计划。计划不周或主客观情况的重大变化，是导致计划执行受阻和工作出现脱节的重要原因。监理对各参建单位进度计划的审查非常关键。当实际情况发生重大变化，或不同参建方之间计划的不协调，或参建方计划与总体计划的不协调，或执行过程中实际投入与计划的不一致等，都是造成目标无法实现的原因。监理方要及时发现，协调督促相关责任方及时纠偏。计划调整过程中势必会有资源分配调整的需要，这时需要监理协调平衡目标需要与投入成本间的关系，确定合理调整计划。

三是职权关系的协调和平衡。各参建方职权划分不清，任务分配不明，是造成工作中推诿扯皮、矛盾冲突的重要原因。虽说随着当前工程管理的水平不断提升，工程各项管理制度日益完善，责任分工也已明确，但由于工程建设产品的单一性，工程实施过程还是经常会出现无法确定解决方法和明确责权义务的特殊事件。因此，过程中及时组织各方针对特殊问题召开专题会，协调解决特殊问题，协调平衡各方的职权关系，消除相互之间的矛盾冲突，也是协调平衡工作的重要内容。

四是政策措施的协调和平衡。政策措施不统一，互相矛盾，是造成工程实施活动不能顺利实施的重要原因。工程实施关系到企业与政府、不同行业、当地居民的关系，也关系到各参建公司等。政府有相关的政策，企业有相应的制度，集体和个人的利益也不会完全统一。消除政策措施、各方制度、各方利益矛盾和冲突，也是协调平衡工作的重要内容。

五是思想认识的协调和平衡。纵然在政策、制度和利益上理应一致的情况下，不同人员对同一问题认识也仍然可能产生不一致的观点和意见。这样必然导致行动上的差异和整个组织活动的不协调。这就需要监理利用协调的手段，从不同人员的思想认识着手，统一大家对某个问题的基本看法，统一思想认识是协调组织活动的前提条件和协调平衡工作的重要内容。

平衡智慧是实现监理控制和管理的重要保证

监理的协调手段是对质量、进度和

成本的控制，对安全、合同和信息的管理活动。根本的管理控制是安全、质量、进度和成本。工程管理过程中这四者既矛盾又统一。平衡智慧是实现监理控制和管理的重要保证。

对于一个建筑工程而言，施工生产的目标是质量好、进度快、成本低。而这三者之间既是相互关联、相互制约的，又是统一的，不可分割的。尽管在施工生产的不同阶段这三方面有所侧重，但决不可偏废。作为工程监理，始终要清晰认识到：质量是根本，同时要尽可能节约成本，并且保证速度。质量、成本、进度"三大目标"是对立与统一的，不可能达到三个目标都是最优，也不能使每个目标都绝对满意。在确定每个目标时都要考虑对其他目标的影响，进行各方面的分析比较，做到目标最优化，这就是在监理目标控制过程中的平衡统一。

应当注意的是，工程安全可靠性和使用功能目标以及施工质量合格是必须优先予以保证的，并力争在此基础上使整个目标体系最优，满足确定目标值的相对满意原则。同时，在工程实施过程中施工的安全是前提。施工必须安全，安全才能施工这是一再强调的"以人为本"的安全工作理念，也是"安全第一，预防为主，综合治理"的安全工作方针的体现。因此，在监理活动中要在安全的前提下保证质量的根本，设法实现进度和成本的优化与平衡。

要注重工作职责与人际关系之间的平衡

监理工作是一种服务活动，工作的成果不是一种有形的产品，工作的成绩也无法很具体的量化。但监理活动又不能同其他服务活动一样，单纯从服务态度和满足顾客需求上取胜。监理有本身的特有的职责和原则，需要实现对参建各方（包括合同委托的业主）实行管理和协调。所以，在实现有效管理的同时还要体现服务的意识，要为业主服务也要给予施工方尽可能的帮助和支持。要站在公正的立场上，不偏袒一方，压制另一方；不维护一方，损害另一方。在工作中既要维护业主的合法利益，又不能损害施工方的合法利益。要做到这一点必须始终坚持"守法、诚信、公正、科学"的监理工程师执业准则。在工作中模范执行和工程建设有关的法律、法规、规范，始终坚持按程序和规范办事。真正做到按委托监理合同的授权范围，严格按法律法规、工程建设标准、勘察设计文件及合同开展监理服务活动。监理活动开展要本着工程目标的有效实现为根本目的和宗旨，同时还要强化服务的意识。实施文明监理，文明监理是指监理人员在每项工程监理工作中要塑造形象美、锤炼语言美、讲究文字美、注重仪表美、感悟和谐美、守望环境美、崇尚道德美、弘扬人格美、坚守诚信美、珍视自律美。有了合理的依据、正确的目标，还有文明监理的服务意识，就能有效平衡好各参建方的人际关系，监理工作一定就能得到业主的好评，也会有其他各参建方的好口碑。

不要忽视工作职责与家庭需要之间的平衡

最后，还要特别注意，不要忽视工作职责与家庭需要之间的平衡。监理是工程建设的参与者，有着工程建设相关

单位共有的痛处和难处。现场监理人员长期的野外工作不只是辛苦和劳累，更是长期与家人两地分居和疏于对家人照顾给家庭关系带来的影响。工程建设工作需要承建者应有的贡献和付出，选择了工程建设行业的工程人也理应有这种奉献的准备，但工程人也有自己的生活和家庭，也应计划组织好自己的生活，应当巧妙平衡好工作和家庭的天平。关于工作和家庭的平衡这里给大家几点参考和建议。

一是分居两地的夫妻一定要安排好有效的沟通时间。身体不能在一起，那么就要让心灵尽可能地贴近，要及时分享各自的工作、生活，共同分享养育孩子的天伦之乐，共同商量对老人的赡养和关心、亲戚朋友的礼节来往。要尽量让家人减少你不在身边带来的无依靠感，却还能感受相对的自由。最忌讳的是，白天工作、晚上玩乐，不沟通、不交流、不关心还多疑。

二是有效安排好探亲的时间。当然这也是工程单位和项目负责人从员工福利角度应多考虑的问题。作为员工个人工作时要认真工作、提高效率，有计划地安排休假。休假时，要有计划安排好各种活动，要安排好亲子活动、探望父母长辈的活动、走访亲友的活动。在各种活动中，加强与家人的交流和互动。最忌讳的是，好不容易休假回家，只和那帮所谓的铁哥们打牌玩乐，只想到哥们义气，却冷落了最需要、最关心你的家人。

三是要珍惜这种离开家人的代价换来的现场工作和学习机会。辛苦的现场工作是一种奉献，但也是难得的学习机会，你要深深认识到自己已经付出的代价，要更努力地在现场工作、学习、思

考和总结。让自己更快地成长，这是公司的需要和愿望，也是你家人的愿望，更应该是你自己自觉的努力方向和计划，这样你就能更快地成长为一个了解现场、具备经验的管理人才，岗位也会相应后移离开现场，待遇也会相应提高，关心家人的机会、条件和能力都会相应增多和提高。

结束语

平衡是一种智慧，一种后天具备一定学识后通过不断的专业训练达成的工作能力。每一个领域的工作都不同程度的需要智慧，在监理这个特殊的行业和岗位上尤其重要和需要。我们说的平衡不是一般厚黑学里讲究的关系之道，强调的是为达成一个共同的正确目标，为兼顾过程中暂时、局部的矛盾，让事物朝着共同的大方向和根本目标顺利进展而进行的沟通协调和抉择。工程监理需要的平衡智慧就是这样一种大智慧，有了它监理不再是夹心饼，不再受夹板气。监理应当是门与框间的合页，是瓷砖与墙体间的水泥，是工程建设管理中不可或缺的重要角色。

参考文献：

[1]（美）帕特·基辛格.平衡的智慧：家庭，信仰和工作的优先次序原则.高路，杜霞译.中国商业出版社，2010.

[2]《监理人员职业道德》（百度文库）

深基坑支护工程的安全监理探讨

陈怀耀

山西煤炭建设监理咨询公司

摘　要：文章分析了深基坑支护工程的特点，并结合监理实践，从施工前准备和组织实施两个关键时间节点，抓住设计、施工方案、基坑监测以及应急预案等监理安全工作的重要环节，提出了加强深基坑支护工程安全监理的要点和应对措施，旨在与监理同行交流，为监理执业提供借鉴和探讨。

关键词：深基坑支护工程　安全监理　探讨

前言

现阶段，建筑工程行业逐渐向高层化、综合化方向发展，基于混凝土结构承载力需要以及城市群建设多功能硬性需求，深基坑施工已是高层、超高层工程设计的必然趋势和选择。深基坑的支护工程的安全性直接关系到整个基坑工程的施工安全和效益。因此，作为监理单位，在对深基坑支护工程实施监理过程中，必须根据深基坑支护工程的特点，并结合施工现场的实际情况，编制有针对性的安全监理实施方案，其目的就是监督检查施工单位做好深基坑支护工程的设计、施工、安全以及检测等诸多关键环节的管理工作，务必将深基坑支护工程在实施过程中可能存在的安全隐患

消除在萌芽状态。本文就深基坑支护工程的安全监理的要点作分析总结，与同行交流。

一、深基坑支护工程的特点

深基坑支护是指为保证地下结构施工及基坑周边环境的安全，对深基坑侧壁及周边环境采用的支挡、加固与保护的措施。众所周知，深基坑支护工程是保证地下空间安全施工所采取的临时性施工措施，当建筑工程地下结构部分施工完成后，深基坑支护工程的使命就宣告完成。这就决定了深基坑支护工程其临时性（一次性）的特点；深基坑支护工程是措施工程、前置性工程，施工周期短，所用材料一次性集中投放，决定

了其相对造价高的特征；再加之，建筑工程施工现场的水文地质情况以及周边环境既有建筑（构造）物、管线及其道路设施等诸多因素的不确定性，必然要求深基坑支护工程所要考虑的结构形式、材质要求以及施工机具（设备）的选配等综合因素繁杂，表现出来的支护形式也不尽相同，这又呈现出深基坑支护工程其技术要求高的特点。

二、施工准备阶段监理安全工作要点

作为监理单位，在深基坑支护工程施工准备阶段，依据施工单位报送的已经审批的《深基坑支护工程施工方案》，有针对性地制定翔实的《深基坑支护工

程安全监理实施（细则）方案》，明确安全监理实施要点。

（一）严把设计关。常言道，设计图纸一道线，造价投入千千万。如果工程设计深度不够，直接影响的不仅仅是深基坑支护工程的完全造价，更为施工现场安全管控埋下隐患。基于深基坑支护工程的三个基本特质，在进行深基坑支护工程设计时，重点把握三个要素、四个环节：（1）深基坑支护工程必须由具有甲级资质的设计单位进行设计；（2）深基坑支护工程的主设人员必须持有国家注册的结构工程师和岩土工程师等资格证；（3）在进行深基坑支护工程设计时，主设人员应该到施工现场进行实地勘察，要对施工现场的施工条件、主体设计以及结构形式、周围环境等进行全面地了解和分析，然后选择科学、合理的深基坑支护结构形式；（4）在施工之前，设计单位和主设人员应该做好设计交底和技术交底工作。特别要关注施工过程中的技术服务环节，在深基坑支护工程施工中，一旦发现问题，立即采取必要措施进行科学处置，保证深基坑工程施工安全，实现有效支护。

（二）核验施工前准备。认真做好施工准备和现场预案工作，可以达到事半功倍的效果，是实现施工现场安全管控的最有利、最有效的保证。因此，作为监理，应该做好以下几个方面工作。

1. 严格审核《深基坑支护工程施工方案》。施工单位应该根据设计文件和工程的实际情况，综合考虑支护结构、施工组织形式、水文、地质以及周边既有人文环境等（俗称人、机、料、法和环境）各个方面的因素，编制科学可行的《深基坑支护工程施工方案》。报送建设单位和监理单位进行初审，并提请建设

单位组织设计、勘察、监理、施工等参建单位组成的专家论证会，形成最终的《深基坑支护工程施工方案》。这里要特别强调：（1）经专家论证后形成的《深基坑支护工程施工方案》，任何单位不得随意变更或更改，因故确实需要进行变更或更改，必须履行专家论证会等审批程序；（2）作为监理，依据已经审批的《深基坑支护工程施工方案》制定有针对性的《深基坑支护工程安全监理实施（细则）方案》，并据此实施监理。

2. 监督和落实施工前准备工作。首先，核查施工单位的质量保证体系、技术管理体系、安全保证体系和环保管理体系等四大体系的建立健全情况。这个环节特别要关注的是，施工单位是否选聘具有相应从业资格和具有丰富施工经验的人员组成专业施工队；施工之前，是否组织了从业人员全员参加的《深基坑支护工程施工实施方案》的技术交底和必要的、系统性的专业培训；特殊岗位是否做到持证上岗等，确保所有施工人员都能充分、全面地掌握专业施工技术，同时树立全面的质量和安全意识观，以保证深基坑支护工程施工能够保质保量地完成。其次，施工机具（设备）选型。监理工作重点就是依据审批的《深基坑支护工程施工方案》中确认的施工机具（设备）品牌、型号、规格、性能等主要技术参数，督促施工单位将选配好的施工机具（设备）按照确认的数量进场并完成报验工作。第三，完成原材料（备品和配件）的进场报验。施工材料（备品和配件）的质量优劣直接关系到深基坑支护工程的质量和安全。材料在进场、入库、出库和使用计量等环节，监理要加大力度，设置见证点和停止点，做好质量记录清单，从源头上杜绝施工

安全方面监理责任事故的发生。

三、施工实施阶段监理工作要点

（一）牢固树立"百年大计，安全第一"的安全理念。安全监理是深基坑支护工程监理工作的重要组成部分，基于深基坑支护工程的三大特点，监理安全工作的重要性不言而喻。因此，监理单位监督检查施工单位创建完善的安全管理体系，要求施工单位全员树立安全生产意识观。督查施工单位制定严格的安全管理目标，督导施工单位认真贯彻和落实安全生产责任制。必要时，参加施工单位组织的施工班前会或大型技术交底会议。督促施工单位做好安全教育工作，做好施工技术交底，完善安全责任书和全员安全文明施工承诺书。杜绝"三违"现象的发生。

在安全监理实践中，深基坑支护工程安全监理一直处于高危运行。不论是设计深度还是施工前准备和施工中的管控，一个环节不到位，极易造成多米诺骨牌效应，事故频发。事故一旦发生，极易造成群死群伤，后果相当严重，究其原因，主要是施工方案及施工过程中各种安全预控措施不到位。因此，监理在深基坑支护工程施工过程中，必须编制《深基坑支护工程安全监理实施（细则）方案》，明确在深基坑支护工程的监理要求和施工现场的监理检查要点。

1. 必须解决地下水位。一般采用轻型井点降水，使地下水位保持在到基坑底设计高程 −1m 以下，特殊情况下，最少保持 −30~50cm 以下。执行 24 小时值班抽水制度，并应做好抽水记录。当采取明沟排水时，施工期间不得间断排

水,当构筑物未具备抗浮条件时,严禁停止排水。

2. 深基坑土方开挖时,多台挖土机之间间距应大于10m,挖土由上而下,逐层进行,不得深挖。应预留30cm以上,辅以人工配合完成。

3. 深基坑支护工程作业时,施工人员上下基坑,应挖好阶梯或支撑靠梯,禁止踩踏支撑上下作业,基坑四周应设置高度不小于1m的安全栏杆。

4. 在深基坑边上侧堆放材料及移动施工机械时,应与挖土边缘保持一定距离,当土质良好时,应离开0.8m以外,高度不得超过1.5m。

5. 雨期施工,基坑四周地面水必须采取防排水措施,防止雨水及地面水流入深基坑内,基坑底部要形成一定坡度,利于排水,在低洼处形成集水井,采用机具将水排至地面。雨期开挖土方应在基坑标高以上留15~30cm泥土,待天晴后再开挖。

6. 深基坑支护工程施工时,现场施工单位工程技术人员要坚持跟班作业,及时解决施工中出现的安全、质量问题,确保每道工序在安全保证的前提下才能抓质量、赶进度。

(二)加强基坑监测。监测是深基坑支护工程施工的重要环节,也是深基坑支护工程安全监理的重中之重工作。由于许多施工单位没有充分认识到施工监测的重要性,或者检测单位资质问题,不能及时、准确地发现深基坑支护工程施工过程中存在许多安全隐患、质量隐患,最终导致悲剧的发生。不仅威胁到施工人员的生命安全,还会对周边环境造成一定的影响。因此,监测数据的收集和动态分析,及时传导就是指导深基坑支护工程安全监理的最为核心工作之一,监理单位必须设置专人负责。其主要工作就是督导施工单位是否聘请了具有相应资质的施工监测单位(第三方)对深基坑支护施工全过程进行全面实时监测。督导施工检测单位(第三方)建立健全三大体系,重视监测结果的积累,科学地选择支护结构的控制值,控制基坑的位移变换情况,避免滑坡、塌方等安全责任事故发生。监测工作要建立在实践经验积累的基础上,要建立在科学

应用技术的预判上,监测需要用数据说话,既直观又利于研判,保证深基坑支护工程施工过程的安全性。

(三)校验应急预案。未雨绸缪,防患于未然。施工单位制定科学的应急预案,是深基坑支护工程施工安全的有力保证。众所周知,深基坑支护工程施工,人、机、料、法和环境五大环节,环环紧扣,环节众多,不可避免地会出现各种各样的问题,极容易诱发安全责任事故。因此,作为监理,督查施工单位的应急预案和有关措施落实,做好编织袋、水泥应急材料的储备,责无旁贷。施工现场一旦出现突发事件时,能够确保施工单位在第一时间启动预案,采取强有力的措施进行处理,尽可能地降低突发事件造成的损失。

结语

深基坑支护工程的安全监理工作任重而道远,随着社会进步,越来越多的科技应用在建筑工程领域,深基坑支护工程,无论从结构形式,还是施工现场的管理,都会面临前有未有的新的选择,这必然对安全监理工作提出新的、更高的要求。我由衷期盼,我们监理人能够紧随时代步伐,在探寻监理发展事业的征程上,不忘初心,继续前进。

参考文献:

[1] 唐庆荣.深基坑支护工程的安全施工与管理[J].建筑安全,2016(06):58.

浅谈装配式建筑管理

于理耐　高家远　赵斌

济南市建设监理有限公司

一、装配式建筑概述

装配式建筑施工技术是我国建筑业发展的必然趋势，同时也是我国改革和发展的迫切要求。国务院办公厅印发《关于大力发展装配式建筑的指导意见》中确立了健全标准规范体系、创新装配式建筑设计和优化部品部件生产等八项主要任务。在此基础上，装配式混凝土结构凭借着易控制、节能、施工周期短等特点，在国家鼓励推动政策下，具备高度的竞争优势。随着我国对装配式结构研究的不断深入，也促进了装配式建筑体系的发展。但是和其他发达国家相比，我国的装配式建筑在监理过程中管理不完善，施工现场控制力度不够等多种问题，不利于我国装配式建筑的发展。因此，需要进行更加细致的体系化的管理，确保建筑的安全。

济南南辛庄学校工程中，装配式的构件主要有：楼层叠合板、楼梯、外墙板。由于诸多构件在生产厂家生产，现场减少了大量的作业时间和加工场地，混凝土外观较好，施工速度快。在装配式建筑施工过程中，从构件的生产、运输、吊装到成品，由于施工存在的特殊性，各类构件的种类较多，对施工全过程进行有效的管理有着重要的意义。目前根据我国的实际情况，在管理中存在多个问题，例如构件生产、构件运输、堆放不规范导致的管理难度加大、构件吊装风险较大、现场构件安装的临时支撑风险较大、预制外墙板防水难度大、构件拼装定位困难以及施工安全风险较大，等等。因此为避免出现质量及安全问题，加快施工进度，保质保量地完成工作要求，在施工过程中的做好监理工作尤为重要。

二、施工前监理准备工作

（一）图纸会审工作

装配式建筑作为新兴产业，设计过程中由于相关文件规范的不齐全，装配式建筑结构构件的多样性、构件与结构连接部位的多样性、结构形式的多样性等因素，导致设计图纸与现场实际安装有误差，因此组织并参与图纸会审尤为重要。传统意义上，图纸会审一般由建设单位组织，各单位将问题汇总，根据设计任务书及相关要求对图纸上相关不符合要求的做法进行相应的完善修改，而装配式建筑设计图纸，由于其多样性，一些相关技术节点部位无法全部预见性地处理，因此，组织施工及设计单位多次的小规模的图纸会审尤为必要，用于解决一些关键技术节点问题。

（二）监理对人、机、料的检查

由于装配式建筑结构的特殊性，前期的人、机、料的准备工作较传统模式施工需更加细致，因此监理在对施工单位的检查也应更加细致，比如，对安装构件工人，由于对施工的安全性和专业性均有一定要求，因此检查施工单位是否做好相关的安全及技术交底，确保工人熟练操作尤为重要。由于构件的自重，现场塔吊可能无法满足现场施工要求，因此提前检查施工单位是否准备好起重设备及相关作业人员。有别于传统建筑施工，监理单位应当对预制构件生产企业的质量保证体系进行审核，审查其厂内、施工现场机械及人员配备情况。

三、驻场监理工作要点

有别于传统的建筑施工，装配式建筑施工要求监理单位在生产厂家实施首批预制构件生产制作过程时进行驻厂监造，对首批构件的原材料试验检测、混凝土制备过程进行质量检查，参与首批构件成型制作过程的隐蔽工程和检验批的质量验收；对后续预制构件的生产制作过程，监理单位可根据进入施工现场的构件质量水平的稳定性，采取相应措施。这也对监理工作提出了新的要求，除施工现场的监理工作之外，构件生产厂家的驻场监造工作也需以相关的设计及技术规范等进行相关的管理工作。

（一）现场进度及质量控制

由于构件的工厂化生产，监理单位在对进度控制进行管理时，需对现场施工单位及构件生产厂家进行协调准备工作，避免出现构件加工过早，堆放时间过长；构件加工过晚，现场滞工现象，监理单位需认真审核上报的施工及构件制造时间节点，确保施工顺利有序进行。

对于装配式建筑施工质量问题，主要集中在监理对构件吊装时的质量管理上，起吊前底部要根据上报的施工方案做好临时支架，针对叠合板、预制楼梯板、外墙板安吊装，起吊时要求起吊过程缓慢，确保构件平稳；吊装过程中，距离作业层一定距离时，稍停顿，调整、定位构件方向；吊装过程中避免碰撞，停稳慢放，保证构件完好，最后进行固定，确保吊装质量。

（二）安全生产管理的监理工作

安全生产的监理工作是建筑项目的基础，是项目具备经济效益和社会效益的重要保证，通过监理的监督管理去保障施工人员的人身安全是监理安全生产管理中的重要组成部分。装配式建筑施工过程中，主要的安全风险是对临时支撑布置、构件堆放、吊装的管理。

其中临时支撑在装配式建筑的施工中主要是用来保证施工的结构，如各类支架等。监理单位要对施工单位上报的支设方案进行详细审批，并检查临时支架的壁厚和外观质量，在首次使用支架时，还应监督施工单位进行试压操作，明确支架的称重能力。

在装配式建筑中，构件生产后运至现场进行堆放时，必须对构件做好成品保护工作，提高监督力度，要求施工单位根据构件的要求进行摆放。摆放时，不能直接和地面接触，要放在木头以及一些材质较软的材料上，对大型构件，必要时须制作加工专门的堆放台进行堆放以便于运输及吊装。

监理单位在对构件吊装进行安全管理时，要求施工单位必须要根据施工现场的实际情况制定相应的安全管理措施。做好对工人的安全及技术交底工作，要求操作塔吊及吊车的工作人员必须要有相应的、有效的特殊工种上岗证，要对设备的有效期进行检验。工作人员在对塔吊设备进行操作时要严格按照规范，严禁出现无证上岗、不遵守规范操作等情况。当构件进行施工现场后，要对吊点进行检查，进行重心检验，当所有的检验都合格后才能进行起吊。每次起吊安装构件前检查起重用的钢索，当发现磨损或损坏时要及时上报并更换，并且要在起吊构件时设置拉绳，便于控制构件的方向。

四、监理信息、资料管理工作

装配式建筑施工不同于传统施工，为使建筑质量具有追溯性，安装了无线射频（RFID）芯片和二维码的复合应用，实现对部品从生产到装配验收全过程的信息管理，全寿命周期质量追溯，使装配式建筑具有高度的信息化、现代化。在全过程中，监理的管理可以以施工单位上传的，对构件生产、检验、入库、装车运输等实时数据进行全过程质量的追踪与监理管理。在施工现场采集

现场构件吊装施工、装配验收相关视频、图片、人员数据信息，实现施工过程的监理管理工作。施工完成后，监理也可对施工单位上传的检验批资料、分项检验资料及总验收资料进行相关的监理批复、汇总上传、存档处理。装配式建筑施工的信息资料管理有别于传统施工的用 WPS 等办公软件及纸质资料形成的信息资料管理体系，相对而言，装配式建筑所要求的办公软件在传统信息管理基础上更加专业化与现代化，也更加代表了未来建筑信息管理方向，这也要求了监理的信息及资料管理工作必须与时俱进，更加的专业化、信息化。

五、结束语

随着十九大的胜利召开，我国各方面的改革进入深水区，作为国民经济的基础产业和支柱产业的建筑业也不例外，人们开始逐渐发现传统的建筑方式已经不再完全符合时代的发展要求，我国建筑行业必将掀起装配式建筑工业化的浪潮，使其发展进入一个崭新的时代，在装配式建筑领域里，监理的管理也必须与时俱进，用技术化、现代化、信息化来武装自己，提高监理管理的专业水平，更好地为业主服务。

参考文献：

[1] 郝问冬，焦莉. 装配式建筑施工安全管理.
[2] 山东省装配式混凝土建筑工程质量监督管理导则
[3] 赖泽荣. 超高层建筑施工装配式安全防护设施设计与应用[J]. 建筑施工，2014，06.
[4] 陈子康，周云，张季超，吴从晓. 装配式混凝土框架结构的研究与应用[J]. 工程抗震与加固改造，2012，04：1—11.

监理：抓安全是"硬考题"，抓质量是"硬作业"
——一切在过程，关键在担当

苏光伟

新疆建院工程监理咨询有限公司

摘　要：建筑行业的诸多唯一性和特点，以及理论和过往今来的经验总结反复证明，建筑业的建造绝非是追求"一时美艳，临时过关"的所谓结果，而必须坚信"贵在过程、功在工序、抓在环节、责在当下，挺在关键、重在担当"的经得起时间检验的"实"过程，才能赢得"硬"结果。

关键词：过程　担当

安全，不是一句口号，它将伴随着泪水与惨叫、致残与死亡的人性撕裂；质量不是一句套话，它将伴随着沉降与裂缝、倾斜与坍塌的灾难恐惧。紧随其后的是，法律剑指的将不仅仅是企业行为，还必将追究涉事人的责任，即严厉的惩罚甚至牢狱之灾。

现实中无数悲惨案例反复告诫我们，不论是单一的重大安全事故，还是纯粹的重大质量事故，或者是由质量导致的恶劣安全事故；如同一枚重磅"炸弹"，都必将使企业信誉瞬间崩塌，效益瞬时归零，霎时间"秒杀"一群人，一夜间"毁掉"数个家庭。如 2014 年 12 月 29 日清华附中筏板基础钢筋网整体坍塌安全责任事故，造成 10 人死亡，15 人被判刑，其中监理人被"一网打尽"，即 6 人获刑。造成此次事故的直接原因是，在施工过程中没有严格按照方案执行所致。再如 2016 年 2 月 6 日凌晨 3 点中国台湾地区高雄市发生了 6.7 级地震，建于 1992 年台南市的一栋 12 层大楼在地震中突然倒塌，此次地震死亡人数为 116 人，仅这栋倒塌的楼致死人数高达 114 人，且震源中心的房屋损失微弱，震源地以外的地区包括台南市的其他房屋也安然无恙。据查，该楼房倒塌的直接原因是在建造过程中梁柱部分严重偷工减料所致。台湾当局迅速拘押了 23 年前的若干当事人。上述案例无一不是在过程中出现问题所致，无一不是责任人在过程中的担当严重缺失而引发悲剧。

建筑产品建造的特殊性。作为基本建设末端，建筑业的建造，这一阶段，不论从法律、规范、标准、制度、文件量的涉足，还是资金、物资密集的投入；不论是参建人员的广度和人员数量的介入，还是在建造过程中所面临管理的复杂性、任务的艰巨性，以及整个过程中涉及的国家利益、企业利益、群体间收入分配等相互交错、矛盾突出、利益敏感，这些复杂的情况贯彻始终。终极产品之前的生产过程之冗长、工序环境之繁杂、作业场所之艰辛、手工作业占比之高、作业水平稳定性之差、劳动强度之繁重、劳务群体之零散、意外因素之复杂，作业安全、质量风险之大，管理环境之错综，以及人与人的较量、人与法的博弈、人与物的造化、人与环境的抗争，所有这些错综复杂的因素、因子都会在建造过程中不期而遇或炸出火花，其过程无不凸显困难的多样性、矛盾的尖锐性、利益的多元化，是任何一个阶段从未有过的。凡此种种无不说明产品生产"过程"的艰难性、艰巨性、重要性和唯一性。也更加充分说明"过程的好坏决定于结果，结果的好坏取决于过程，过程是实现正确结果的重要保证"。否则，没有一个"好的过程"，其结果将是一张"空头支票"，这是毋庸置疑的。民间有句俗语，"种好自留地，管好责任田，防止过程苗不全，年终不保收"。其背后的深刻含意无一不是强调"过程"的重要性。

安全是要务，质量是重任。作为法律背书的监理人，是建造过程中安全与质量把关的第一守门人，是法定责任的承担者。因此，在监理工作中必须深刻地认识到，安全既不是检查前的"突击作业"，也不是事后的"应付答卷"，更不是为"过关"而要的花拳绣腿，而是事关一群建造者在高危作业时的每一个环境、每一种状态下的生命及健康能否得到保障。终在"过程"的安全检查，是一道现实的硬考题；抓质量既不是日常的"临时作业"，也不是事后的"敷衍试卷"，更不是一次"终验"结论过关一锤定终身了事。其质量是要经受常年使用和自然界的无情"烤打"后确保不出质量事故或由质量演变成安全事故，终

在"过程"的质量检查，是一道务实的硬作业。

监理的本质是责任。监理人应该懂得"人生须知担当苦，才能知道尽责乐"。监理人必须明白，总有一些底线不能被击穿，总有一些雷池不可被逾越。然而不可否认的是，监理行业在实际操作层面上的确存在某种"扭曲"的现象，即"刚性权利被弹性，弹性责任被刚性"。致使很多监理人时常抱怨："权责不等，有责无权；有禁不止，奈何不得；他病我药，棒打我矣"。结果是满腹苦水、苦不堪言、抱怨连连，似乎"只有一张埋怨的嘴，难有一颗努力的心"。如果就此"沉沦"下去，敷衍度日，大家如同坐在一辆超速的破旧汽车上，看着他奔向深渊，却都噤口不言如同不涉己事。以"感性"主导"理性"、以"怨气"为理由放弃原则的坚守、以"赌气"为借口抛弃底线的守护，这一定又会使监理人从"被动"走向更加"悲哀"的结局。"弱势"监理要"强势"生存，"强势"体现"底线"的守护。担当有"阵痛"，但可免"长痛"。不能只顾眼前"溪水流流"，哪管身后"洪水滔滔"。"雪中送炭"是监理人誓死捍卫的底线。

"起纷争"是监理工作的常态，"挑毛病"是监理人的职责。作为监理人，既要习惯与挑战相处，也要学会与困难共舞；既要有误解传遍天下，理解寂静无声的心理准备，也要有敢做敢为，行动上的果敢。在原则问题上，要有"虎豹争斗"的野性。千万不要变成"缺了牙的老虎，咬人难出血，松口没牙印"，弄不好"扑猎还被猎物伤""打断牙齿和血吞"的被动局面。有些人给"正统""认真"扣上了刻板、死板、呆板

的帽子，跟僵化、保守划等号。因此，不必太在意别人说"太认真"的讥讽而有退缩，不必太忌讳别人说"太正统"的嘲笑而改初衷，甚至要有不计"毁容"的担当，背着"黑锅"前行也是监理人必须经历的修行。"认真""正统"是对一些根本原则的坚持，是守规矩、讲法规的铿锵体现。要做"做人不需要别人喜欢，做事不需要别人理解"的坚强"孤独人"。做好"真心换伤心，真情换绝情"、"忠言成逆言，中肯成中伤"锐气不减的人。否则，在过程的关键节点、环节上出现重大隐患时就不能及时做急风暴雨式的"轰炸"消除。或许今天留下的隐患，看似平静无异，却给明天投下一枚变量未爆弹，为未来"意外"事件埋下了伏笔、提供了充分条件，并成为未来事故触发的引信。是初始原因的结果，是最终结果的原因。我们完全有理由相信，今天的违规违法或许没有构成犯罪，但已为犯罪种下了祸根，一旦外部诱因的出现所衍生出恶果，恐将面临人之灾难。正可谓今天的难题是昨天忽视的结果，今天的忽视又将成为明天的难题。因此，今天不得罪该得罪的人，明天必将得罪社会，即法律的利器迅速而无情的剑指所有涉事人。

"非知之艰，行之维艰"。知道做不到等于不知道，知道是做到的前提。在监理过程中，"担当"至关重要。"担"讲的是"能力"，"当"讲的是"勇气"。担当，是职业境界的最高体现和期望。如果说"底线"是对"有害性"的防御，"担当"就是对社会"共同价值"的构建。止住"推卸责任"的底线，提升"敢于担当"的高线。敢于担当，既要见精神，更要见行动。应该做的事，

顶着压力也要干；必须负的责，迎着风险也要担。有责任不敢担，碰到硬骨头不敢啃，遇到真问题绕道走，碰到大矛盾就溜边，遇到大困难躲一边，遇到不对的不敢发言，左右和稀泥，嘻嘻哈哈打圆场，嗯嗯啊啊充呆汉，上下逢源当"好人""差不多"先生，只能是天上"雷鸣电闪"，地下"北旱南涝"，结果是"风雨过后寒朝来"，不堪的结果是可以预期的。"出了事"，国法"发声"时，方知"病入膏肓"，"拯救"已为时晚矣！"愧抱"是压在心头的一座大山，心堵气短，肠悔断。殊不知，一失足成千古恨，再回首已是百年身，更何况人生短暂，又有多少时光供我们追回用呢。

"知行合一，行动至上"。作为监理人，发声是一种态度，行动是一种责任，克难是一种担当。在关键问题上，就是要"跟理不跟人，从道不从上"。敢讲真话、道真情、讲事实，这是避免出错，规避出事的有力武器。现在"老好人"越来越多，"一根筋"却越来越少；"无知无畏"的人越来越多，"敢于碰硬"的人却越来越少；"自以为知"的人越来越多，有真知灼见的人却越来越少。鉴于此，坚持原则不变通、严肃认真不通融，就得要克服和避免"怕"的思想、"绕"的现象、"空"的形式、"表"的虚假。不该让步的绝不退缩，不该模糊的绝不含糊，不该忽视的绝不姑息；该得罪人的人绝不留情面，该撕破脸的绝不讨好。在关键时刻，怨天尤人、委曲求全不但无助于问题的解决，还加大了不安全风险系数的程度。因此，此刻必须毅然扛起责任，要不惜伤筋动骨、壮士断腕的决心和代价，坚决防止、克制、遏制群死群伤和重大质量事故的发生，这是监理人使命所系、责任使然，是监理人防止灾难事故发生的制胜法宝。

"但问耕耘，不问收获"。在建造"过程"管理上，面对危险项目唯有把安全意识恒定到过程的每一个细节上；面对风险项目，唯有把质量意识固化到过程的每一个环节。因此，不论在理论、观念的指导上，还是在经验、实操的做法上，都应充体现如下几个方面：

1. 必须树立六个意识：安全是红线、质量是高压线、强标是底线、主控是界线、管理是防线、重点是一线。

2. 必须遵守三个基本：按图纸施工这是一个基本原则，按程序报验这是一个基本规则，按规范达标这是一个基本准则。

3. 必须做到四个最低要求：逢危险性较大项目方案必严审，逢进场材料、构配件必验收，逢正负零基标高轴线必复核，逢梁板柱墙必逐一验收。

4. 努力做到五个全数控制：检测项目全数复检、隐蔽项目全数验收、跟踪项目全数旁站、重要部位全数管控、主要数据全数复核。

5. 应该做到"四个零缺陷"：关键材料零缺陷、关键工序零缺陷、关键部位零缺陷、关键数据零缺陷。

6. 认真做好五个重点：特大风险重点防、关键问题重点说、关键程序重点做、关键数据数重点控、关键工序重点抓。

7. 三个不能：把强制性标准真正视为带电高压线不能触碰、把梁板柱墙真正视为带药雷爆区不能踩踏，把关呼人身安全重大安保项目的方案、措施、环节、程序的施实真视为带血红线不能逾越。若不能守住红线、控制底线、防触高压线，无异于将失去重心的身体置于无法控制的状态，将足不抓地的双脚置于站立不稳的境地。稍不留神，瞬间跌入万丈深渊；略有风吹，瞬间席卷天空坠落；忽有草动，或许就是一根稻草压身窒息于你。

"年年岁岁花相似，岁岁年年人不同"。每年一栋栋楼"站"起来，然而一波波人又"倒"下去就是最好的注脚。"物以类聚，人以群分"。我们又何尝不是类中人呢。

过程建造产品，担当铸造成果。建造业的诸多唯一性和特点，以及理论和古往今来的经验总结反复证明，建筑业的建造绝非是追求"一时美艳，临时过关"的所谓结果，而必须坚信"贵在过程、功在工序、抓在环节、责在当下、挺在关键、重在担当"的经得起时间检验的"实"过程，才能赢得"硬"结果。众望所归的水到渠成终乃必然之事。

"纸上得来终觉浅，绝知此事要躬行"。剩下的只是如何去担当。让我们踏破铁鞋涉泥滩，撕破脸皮敢碰硬，扯破嗓子敢较真，皮破汗流不怨劳；让我们手握沉重的笔端，蘸起真实的墨汁，签下经得起求证的字迹；让行为的影子，挺起担当的脊梁，刻下经得起验证的痕迹。

浅析如何落实电力建设工程施工监理的安全生产责任

陈志勇

四川省江电建设监理有限责任公司

摘　要：近年以来，电力建设工程项目安全事故频发，不仅给工程建设带来较大的负面影响，同时也给人民生命财产造成很大损失，引起了社会和舆论的高度关注；本文结合多年工程实践，总结了项目监理部在落实安全生产监督管理的监理职责方面所应开展的工作，供借鉴和参考。

关键词：施工监理　安全生产责任　安全监理　监督管理　职责

随着国内电力建设事业的迅猛发展，大机组、大容量的火力发电建设项目也越来越多，新技术、新材料、新工艺等也在不断的创新和应用，随之而来的就是安全生产的风险也越来越大。2016 年全国电力建设发生多起重特大安全生产事故，特别是 2016 年 11 月 24 日，发生江西丰城电厂特别重大安全事故，直接导致 74 人遇难、2 人受伤的严重后果，教训极其惨痛。建设项目五方责任主体之一的监理单位，如何落实电力建设工程施工监理的安全生产责任，更好地履行监理合同，为业主提供满意的服务，避免各类安全生产事故的发生，作为监理行业的从业者，本文从以下几方面进行探讨。

一、明确法律、法规所规定的监理安全责任

目前，与施工监理相关的安全生产责任主要有《建筑法》《安全生产法》《建设工程安全生产管理条例》《电力建设工程施工安全监督管理办法》（国家发展和改革委员会令第 28 号）、《关于落实建设工程安全生产监理责任的若干意见》建市〔2006〕248 号、《危险性较大的分部分项工程安全管理办法》建质[2009]87 号等相关法律、法规、部门规章等规定的监理安全生产责任。其中 2004 年 2 月 1 日实施的《建设工程安全生产管理条例》进一步把安全职责纳入到监理的范围，将监理单位在安全生产中所要承担的安全职责法制化；该条例明确了施工监理的六项安全生产职责：即审查施工组织设计中的安全技术措施和专项施工方案的职责、在实施监理过程中，发现安全隐患的职责、要求施工单位进行整改的职责、情况严重要求暂停施工并报告建设单位的职责、施工单位拒不整改或不停止施工的，及时报告有关主管部门的职责、依据法律法规和强制性标准实施监理的职责。如果施工监理没有履行或认真履行该六项职责，发生事故时，必将受到相应的法律责任追究。

二、完善监理部自身安全生产监督管理体系、夯实安全监理基础管理

（一）项目监理部进场后，首先应熟悉施工图纸、了解施工现场及毗邻区域内地上、地下管线资料和相邻建筑物、构筑物、地下工程的有关情况，编制包括安全监理内容的项目监理规划，明确安全监理的范围、内容、工作程序和制度措施，以及人员配备计划和职责等，并建立以总监理工程师为组长的项目监理安全组织机构。

（二）对中型及以上项目和《建设工程安全生产管理条例》第二十六条规定的危险性较大的分部分项工程，项目监理部应当编制专项监理实施细则。实施细则应当明确安全监理的方法、措施和控制要点，以及对施工单位安全技术措施的检查方案。

（三）建立健全监理部安全监理各项工作制度，如《安全监理检查签证制度》《安全巡视及旁站制度》《安全事故措施审查、备案制度》《安全检查及事故隐患排查、整改制度》《安全例会制度》《安全教育培训制度》等，使安全监理工作制度化。

（四）按照"一岗双责"的安全管理原则，结合《建设工程监理规范》和《监理合同》中所约定的安全控制目标，对监理部各级人员应让其清楚本岗位的安全生产职责并将总的施工监理安全控制目标，层层分解落实到监理部每一个员工，真正做到全员管安全。

（五）制定科学的安全监理工作程序，要求各级监理人员按章操作，使安全监理工作程序化。

三、严格落实安全生产监督管理的监理职责

如何真正地贯彻落实国家安全生产的方针政策，督促施工单位按照建筑施工的安全生产法规、规范和标准组织施工，确保施工现场人与物的安全，有效消除各类不安全因素和事故隐患，努力控制和减少各种安全事故的发生，实现全过程的安全生产，已成为目前施工监理的一项重要工作内容。2006 年 10 月建设部《关于落实建设工程安全生产监理责任的若干意见》则进一步明确了安全监理的内容、程序和责任。

（一）审查施工单位编制的施工组织设计中的安全技术措施和危险性较大的分部分项工程安全专项施工方案是否符合工程建设强制性标准要求。审查的主要内容应当包括：1. 施工单位编制的地下管线保护措施方案是否符合强制性标准要求；2. 基坑支护与降水、土方开挖与边坡防护、模板、起重吊装、脚手架、拆除、爆破等分部分项工程的专项施工方案是否符合强制性标准要求；3. 施工现场临时用电施工组织设计或者安全用电技术措施和电气防火措施是否符合强制性标准要求；4. 冬季、雨季等季节性施工方案的制定是否符合强制性标准要求；5. 施工总平面布置图是否符合安全生产的要求，办公、宿舍、食堂、道路等临时设施设置以及排水、防火措施是否符合强制性标准要求。特别应注意在审查危险性较大的分部分项工程的专项施工方案时，应着重审查以下内容：

1. 专项施工方案的编制、审核、批准签署齐全有效；

2. 专项施工方案的内容应符合工程建设强制性标准；

3. 应组织专家论证的，已有专家书面论证审查报告，论证审查报告的签署齐全有效；

4. 专项施工方案应根据专家论证审查报告中提出的结论性意见进行完善。

（二）检查施工单位在工程项目上的安全生产规章制度和安全监管机构的建立、健全及专职安全生产管理人员配备情况，督促施工单位检查各分包单位的安全生产规章制度的建立情况。

（三）审查施工单位资质和安全生产许可证是否合法有效。

（四）审查项目经理和专职安全生产管理人员是否具备合法资格，是否与投标文件相一致。

（五）审核特种作业人员的特种作业操作资格证书是否合法有效。

（六）审核施工单位应急救援预案和安全防护措施费用使用计划。

（七）监督施工单位按照施工组织设计中的安全技术措施和专项施工方案组织施工，及时制止违规施工作业。

（八）定期巡视检查施工过程中的危险性较大工程作业情况。

（九）核查施工现场施工起重机械、整体提升脚手架、模板等自升式架设设施和安全设施的验收手续。

（十）检查施工现场各种安全标志和安全防护措施是否符合强制性标准要求，并检查安全生产费用的使用情况。

（十一）督促施工单位进行安全自查工作，并对施工单位自查情况进行抽查，参加建设单位组织的安全生产专项检查。

（十二）在施工阶段，监理单位应对施工现场安全生产情况进行巡视检查，对发现的各类安全事故隐患，应书面通知施工单位，并督促其立即整改；情况严重的，监理单位应及时下达工程暂停令，要求施工单位停工整改，并同时报告建设单位。安全事故隐患消除后，监理部应检查整改结果，签署复查或复工意见。施工单位拒不整改或不停工整改的，监理部应当及时向工程所在地建设主管部门或工程项目的行业主管部门报告。以电话形式报告的，应当有通话记录，并及时补充书面报告。检查、整改、复查、报告等情况应记载在监理日志、监理月报中。

（十三）发生重大安全事故或突发性事件时，监理部应当立即下达暂时停工令，并督促施工单位立即向当地建设行政主管部门及有关部门报告，并积极配合做好应急救援和现场保护及对事故的

调查处理工作。

以上这些安全监理的内容、职责，概括起来其实就是该监理审查的必须按规定进行审查，该监理检查的必须按相关要求进行检查，该监理督促整改的必须督促整改闭环，该监理报告的必须向有关单位或部门报告。

四、高度重视安全监理的事前控制

安全事故的发生，是由于人的不安全行为、物的不安全状态、作业环境的不安全因素和管理缺陷等引起的。控制安全危险，消除安全事故隐患，就要坚持"安全第一，预防为主"的方针，并遵循"预则立、不预则废"的原则，从影响安全的"人、机、料、法、环"等方面，对影响安全的各种因素进行系统的辨识和风险评价，并根据评价的结果制定并采取切实可行的控制措施，真正做到预知危险，以危险预控为主，将安全事故的发生降到最低，确保项目建设全过程安全受控。

五、加强安全教育培训、提高安全监理人员的专业技术水平

安全管理是一个复杂的系统工程，必

须用系统的思想、方法、措施和手段来进行综合管理，同时安全管理又是一项技术性很强的工作，必须了解和掌握施工安全知识、安全技能以及各类机械设备性能、操作规程、安全法规、工程建设标准强制性条文以及各类典型建筑施工安全案例，等等。实际当中监理在施工现场会遇到许多安全细节问题而往往不能得心应手地处理好，甚至事故隐患存在却不能及时发现、排除，其原因就是现场监理人员缺乏相关安全知识和安全技能，因此，必须大力加强对监理人员安全知识的培训和教育，提高监理人员的安全意识，真正树立安全管理的红线意识，并做到安全教育培训有目标、有计划、有记录、有总结、有考核，以此来提高安全监理人员的专业技术水平；特别是项目监理部的总监理工程师和专职安全监理人员必须经安全生产教育培训合格后方可上岗，这样才能很好地完成现场的监理安全工作。

六、建立完善安全监理工作台账、规范监理文档

建立健全各类安全管理台账，如安、健、环检查记录台账、特种作业人员统计台账、专职安监人员登记台账、施工单位资质及安全生产许可证台账、监理

部安全教育培训考试记录台账、安全强制性条文检查记录台账等，并安排监理部专人负责安全监理资料的收集、整理、立卷归档工作，确保项目建设过程安全监理管控痕迹及时、真实、完整，提高安全监理文档的可信度和可追溯性。建设部《关于落实建设工程安全生产监理责任的若干意见》中明确："监理单位履行了上述规定的职责，施工单位未执行监理指令继续施工或发生安全事故的，应依法追究监理单位以外的其他相关单位和人员的法律责任"，故安全监理人员除了施工现场安全管控工作到位以外，还必须留下有效的免责证据；由此可见，建立完善安全监理工作台账及规范监理文档的重要性。

结束语

总而言之，监理部的现场安全监督管理是一项动态管理工作，必须建立长效的安全管理机制，同时对安全管控还必须做到"凡事有人负责、凡事有据可查、凡事有法可依、凡事有人监督"；虽然目前有关监理行业的法律、法规还不健全，特别是针对监理的安全生产责任的认定上，实践当中还有许多不同的理解和分歧，思想认识上还未形成高度统一，但监理人员只有不断地适应社会发展和变革的需要，努力提高自身业务水平，谨慎而勤奋地开展安全监理工作，消除各种事故隐患，认真认识并落实施工监理的安全生产责任，才能顺利实现监理合同约定的各项安全监理目标。

城中村拆迁安置工程监理质量控制探索

李兵

浙江致远工程管理有限公司

摘　要：本文通过项目监理机构对城中村拆迁安置工程现场质量管理的总结，提出了建立工程现场学习制度、实体第三方检验制度、实行精细化管理措施等，创新监理质量管理工作方式和方法，切实提高了现场监理服务质量，保证了城中村拆迁安置房项目监理任务的圆满完成。

关键词：拆迁安置　质量管理　学习制度　第三方检验　精细化

金华市多湖区块横塘沿拆迁安置房项目用地面积119430m²，由24幢18~26层高层住宅组成。总建筑面积360607m²，地下建筑面积91262m²，地上建筑面积269345m²，共有住宅2018套。工程由绿城集团负责代建，浙江致远工程管理有限公司负责施工阶段监理。

横塘沿拆迁安置房项目作为金华市拆迁安置示范项目，工程建设质量的优劣直接关系到后续金华城中村改造工作的实施。按照浙江省建设厅关于建筑施工安全和工程治理两年行动的决策部署及浙江省建设工程监理管理协会倡议书关于进一步发挥监理作用的相关要求，作为工程建设五方责任主体之一的监理单位深感责任重大。因此在现场监理实施中必须调整监理工作思路，创新监理工作方式和方法，突破常规，才能保证工程监理任务的圆满完成。

一、监理工作前期阶段

（一）建立规范、高水平的监理机构，充分发挥现场监理人员的作用。

针对本项目体量大、工期紧、质量要求高的特点，监理公司加强项目监理部人员的配置与管理。

1. 首先选派具有相应资格且监理经验丰富的人员来担任项目总监理工程师和总监代表，负责整个项目监理部的管理和日常监理工作的开展。

2. 其次根据施工标段成立监理小组，人员安排上采取老中青相结合的方式，每组由1名现场实践经验丰富的老工程师任组长，负责现场标段技术指导和协调。另根据楼栋数量再配几名有三年以上监理工作经验的专业监理工程师担任监理栋号长，负责具体监理工作的实施。通过采取上述组织架构，基本上满足了本工程监理工作所需，为较好地完成工程施工阶段的监理任务创造了良好条件。

3. 坚持以人为本，充分发挥施工现场监理人员的主观能动性。在实际工作前提，前组织岗前培训，组织监理人员学习项目所需的规范、标准及工程质量通病预防和防治知识，使每一名现场监理人员掌握各环节监理工作要点，清楚知道各自负责工作的内容及操作流程。

（二）加强项目部管理人员到位履职管理

施工单位项目管理人员不到位、变动频繁、执业素质偏低是当前建筑产业扩大后的一大问题。对此项目监理部制定了项目部管理人员出勤和考核制度。通过在项目现场设置管理人员出勤指纹考勤机、对项目五大员的履职能力定期考评和及时清退不合格管理人员等手段，确保了施工单位项目部管理人员按合同悉数到位并保持了较高的履职水平。

二、监理实施阶段

工程实体施工阶段是监理工作量最大，也是最能体现监理服务水平和质量的阶段。为切实提高工程实体施工质量，减少质量通病的出现，项目监理部采取了以下措施：

（一）建立工程施工标准、验收规范学习制度

作为监理事先控制的重要一环，在本项目中监理部牵头建立了工程施工质量标准、验收规范学习制度。在关键工序、检验批、分项工程施工前，召集项目部管理人员、班组长、现场主要施工人员对将施工分项质量方面的相关验收标准和规范进行学习和明确。同时通过与现场施工人员对质量问题的看法、质量要求定位、控制程序手段等内容的交流和相互学习，打通工程质量管理方面的最后一步，把监理对工程质量的要求、标准、管理流程灌输到一线操作人员。

监理组织学习一般包括以下内容：

1. 与施工分项有关的质量规范标准

和必须达到的质量目标。

2. 质量通病及常见质量问题防治措施。

3. 监理验收程序及控制手段。

4. 安全文明施工内容及紧急避险措施等。

实施监理学习制度后，参加工程的各家施工单位反响强烈，特别是一线的项目现场管理人员，从开始的被动接受变为主动要求监理在各工序施工前进行技术学习。

通过学习制度的贯彻落实，一方面确保现场操作人员质量目标明确，杜绝了麻木和野蛮施工问题。另一方面大大减轻了监理现场质量方面管理的难度和来自现场一线操作人员对监理的潜在抵触情绪，为现场监理日常质量管理创造了有利条件，有效地保障了监理对工程施工质量的管控。

（二）积极贯彻实体质量第三方检验制度

本项目作为金华市城中村改造示范项目，其工程施工质量的优劣和施工进度将直接关系到后续整个金华市城中村改造工作的开展，采取切实措施提高工程实体质量是监理工作的重中之重。因此，项目监理部借助绿城房产管理公司平台，决定对工程实体质量实施第三方

实体跟踪检验措施。

1. 实体检验目的

（1）通过委托第三方单位对工程实体跟踪检测，可以避免由五方责任主体自行进行实体检测中可能出现的人为因素造成的检测数据偏差，从而能确切掌握工程施工质量状况。

（2）通过对第三方实体检测数据的分析，可以发现工程质量管控存在的短板，从而有针对性地制定和采取应对整改措施。

2. 项目实体检测一般性内容：

（1）实体结构偏差。

（2）防渗水节点处理。

（3）质量通病防治。

通过采取第三方实体跟踪检测措施的实施，一方面监理及时如实地掌握了工程实体质量现状。另一方面通过对实测检测数据的综合分析，使监理人员及时掌握工程实体质量管控上存在的漏洞和薄弱环节，在质量管理措施制定和手段采取上做到有的放矢、精准发力，大大提高监理质量管理的效率和水平。

由于项目的特殊性，本项目第三方检验由业主单位负责委托，所需费用从建设方项目管理费用中支出。第三方检验对实体工程质量实行全数检查，所收集数据仅作为现场质量管控工具和评价施工单位质量控制水平和效果，不作为工程质量验收评定依据。

（三）对工程质量实施精细化管理模式

根据住建部《工程质量治理两年行动方案》中提出的突出工程实体质量常见问题治理的要求，项目监理部经过对多年监理工作经验的总结，认为只有实行精细化管理措施才能达到切实提高工程实体质量目标。在本项目中监理对工

程施工质量方面主要采取了以下精细化管理措施。

1. 强化质量预控。

项目实施前，监理会同建设单位对住宅工程通病性的质量问题进行综合分析，其中重点关注了渗漏水、裂缝空鼓质量问题。并按照分析出的产生质量问题原因逐条制定质量预控措施和检查验收的具体操作方法。上述内容均详细书面列表后下发给所有监理人，作为现场监理工作的参考资料。

同时为了避免因人员技术水平参差不齐影响预控措施的落实，在参照国家检查用表的基础上，根据预控过程中制定出的质量措施和操作方法，监理部专门制作了现场检查用表。明确了需检查项目、内容、管控标准和具体操作方法，现场一线监理人员只需按照表格要求采用打勾的方式对表中内容逐项检查，发现存在问题或未落实的在检查记录中注明并及时通知施工单位进行整改即可。

2. 落实质量管理责任

针对本工程楼栋多、体量大的特点，在监理组织架构成立过程中经过多方探讨，决定以楼栋号为单位实行监理栋号长管理制度。以两栋住宅为一单位安排一名专业监理工程师为栋号长，带领两名监理员负责工程监理具体质量管理责任的落实。总监理工程师负责总体协调，明确监理人员职责范围、标准、要求和制定相关考核制度，确保做到每个监理人员分工明确，责任落实到人。

3. 强化过程监理

项目监理部为了切实强化对工程质量的过程监理，采取以下措施：

（1）将项目各单位工程以分项工程为单位，对各分项关键工序内容、质量控制要点及标准详细分析明确，制定出统一控制操作方法后列入监理工作细则，作为现场监理人员的工作标准。

（2）严格控制工序质量验收。对见证点、关键部位和容易出现质量通病部位的工序施工过程全过程进行旁站。检验不合格或未经检验不准进入下道工序。

（3）严把中间交工验收关。确保经监理工程师验收通过的每一道工序，每一个分项工程质量均达到合格标准。

通过将工程质量目标分解到工序，制定工序质量控制要点及标准，以工序质量保证分项工程质量，进而保证了工程整体质量。

4. 制定奖罚制度

在项目施工过程中，为了避免质量管理各项措施和标准流于表面，打通工程质量管理的最后一个环节，使具体一线操作人员能切切实实关注工程质量。项目监理部与各参建方沟通后制定质量管理奖罚制度。主要内容包括：

①确定工艺的落实情况奖罚。

②质量控制措施落实情况奖罚。

③质量问题的奖罚。

④质量问题处理的奖罚。

所有罚款金额列入建设方专设账户，作为项目质量管理专项积金。监理在每月召开的质量工作专题会上对本月实体质量情况进行总结和评比，对于在实体质量管控方面表现突出的单位或个人进行适当的奖励。

5. 实施样板引路制度

鉴于当前建筑施工一线作业人员大多来自农村，文化程度和职业技能不高的现状，为确保工程质量，在本项目施工过程中，监理实施了工程质量样板引路制度。各工序全面施工前，要求施工单位必须先行施工样板，以固化施工工艺流程、明确质量验收标准。

本工程在施工中共制作了承台钢筋绑扎样板、剪力墙钢筋绑扎支模样板、标准层柱、楼板钢筋绑扎支模样板、后浇带钢筋绑扎支模样板、剪力墙防水施工样板、卫生间防水施工样板、砌块墙体施工样板、内外墙粉刷样板等13个样板。

通过上述样板的引导作用，一方面使一线施工人员明晰了质量控制目标和流程，从源头加强了质量管理，起到了口头、文字等方式的技术交底无法达到的效果，为工程的施工工序、关键环节的质量控制创造了有利条件。另一方面通过样板的施工，监理人员找出了部分质量通病产生存在的原因，从而预先制定出了消除质量通病的预防措施和方法，最大程度地规避质量通病的产生。

结语

项目监理机构通过采取上述措施，切实提高了工程质量监理管理水平，对工程实体常见质量问题防治也取得了较好的效果。项目监理机构的工作得到了各方一致好评，取得了良好的社会效果。2016年整个横塘沿安置房项目二期全部竣工交付，创造了金华市城中村改造的"横塘沿模式"，成为城中村改造的样板工程。

移动互联时代的信息化项目协同管理平台

曹晓虹　　刘华

上海同济工程咨询有限公司

摘　要： 建设工程项目管理过程中，沟通协调和跨职能协作被认为是顺利实现项目建设目标的关键因素之一，良好的项目协同工作机制是项目目标成功实现的重要保障。项目协同管理系统运用信息化时代的互联网及移动互联技术，作为工程咨询企业管理和项目现场管理的重要辅助工具，能够推进信息系统与企业管理、项目管理的深度融合，实现管理信息系统、管理模式、项目协同工作机制的升级换代，提升工程咨询企业在新技术、新模式、新形势下的综合竞争力。

一、工程项目协同管理平台的研发背景

建设工程项目普遍存在着不同程度地投资、进度、质量目标失控现象，在对这些现象与问题深入探索研究的过程中，越来越多的学者开始从项目组织管理角度与信息交互的角度研究建设工程项目管理。研究结果显示，建设工程项目的复杂性、不确定性和参与单位众多等特征，导致在项目的实施过程中，项目信息分散存储且不均匀分布在众多参与单位之间，项目的决策者、管理者、实施者获取项目信息的及时性和准确性不足，项目信息无法在所有项目管理者之间实现透明化。沟通协调和跨职能协作被认为是顺利实现项目建设目标的关键因素之一，良好的项目协同工作机制是项目目标成功实现的重要保障。

由于项目管理人员对项目信息理解的主观随意性，以及信息人工存储传递时极易出现的传递缺失等原因，在传统的工程项目管理模式下，即使采用正确管理方法和手段，也很难满足建设工程项目的信息管理需求。项目的协同管理机制难以稳定高效地持续发挥作用。

随着现代信息技术的快速发展，专业化的项目协同管理软件作为项目管理的重要辅助工具开始进入专业工程项目管理人员的视野，借助信息化工具的有效开发应用，工程项目信息得以稳定存储与有效传递，工程项目管理效率与管理水平得以提升，信息失误以及信息传递不及时导致的工程项目投资浪费与项目风险得以减少。

另一方面，工程咨询企业的发展正日益呈现出业务类别复杂化、企业规模扩大化、业务区域全国化的特点，面对日益激烈的市场竞争，传统的项目管控操作模式及同质化的服务内容已经无法满足市场的需求。近年来，尽管很多咨询企业已经开始陆续建设、引入企业的信息管理系统如OA办公系统等，但是受到工程现场地域与办公条件的限制，企业管理人员与工程现场人员之间始终存在比较严重的管理脱节问题，沟通成本高并且效率低下。如何提升企业对项目运作的管控效率，有效地执行企业标准化管理建设目标，降低人员培养成本与人员流动带来的风险，从根本上提升企业的综合管理品质，树立起企业全新的、符合时代的品牌形象，是众多的工程咨询企业共同面临的难题。

项目协同管理平台的研发，正是基于工程咨询企业对"互联网＋"和移动互联全面铺开的信息化基础形势下企业管理与项目管理的新模式的探索与创新

应用，使用已经相对成熟和普及的信息化技术，通过推进信息系统与企业管理、项目管理的深度融合，来实现管理信息系统、管理模式、项目协同工作机制的升级换代。

二、项目协同管理平台概述

（一）项目协同管理平台的定位

系统研发的前提是对系统进行准确的定位，需要认识项目协同管理平台在咨询企业总体信息规划与信息系统中的价值、地位，以及与企业其他信息管理系统、专业信息化工具软件之间的关系。

工程咨询类企业中同时存在着两种基于不同目的的组织与管理模式：企业管理和项目管理。企业管理是企业在相对固化的组织结构下，以长期稳定持续发展为目标而展开的管理；项目管理则是基于特定的不可重复的目标，在限定资源、限定时间内需完成的一次性任务。这两种管理从目标、条件、管理理念、管理方法上都存在着巨大的差异。过往很多咨询企业在进行项目管理信息系统的开发过程中，都很容易走进两种误区：一种是将企业管理与项目管理混为一谈，认为只要建立了企业级的项目台账，从企业管理的角度收集了一部分项目信息，管控了一部分项目与企业内部发生关联的管理流程，就已经完成了项目管理系统的开发；另一种与之相反，将企业管理与项目管理完全割裂，把工程管理中可能会应用到的一些纯粹为单个项目服务的专业软件工具，如造价管理软件、BIM建模软件、P6管理软件等，简单等同于项目管理信息系统，忽视了企业与项目信息资源之间的内在联系以及信息的交互利用。

工程咨询企业的总体信息系统规划可包含以下几个部分：

1. 企业级综合管理平台：这是企业管理及信息化的中枢，作为企业信息发布门户，集成企业信息数据展示与发布，统一组织架构及用户权限管理，并可挂接兼容多个外部的专业化管理软件（如财务软件、人力资源管理软件、OA协同办公软件、ERP管理系统等），可以跨系统提取与分析信息数据，形成企业级管理决策中心，辅助领导层实现决策管理。

2. 项目级协同管理平台：这是项目现场管理及信息化的中枢，从项目管理的角度出发，集成和发布项目关键信息，统一管理项目各参与单位的组织架构信息，实现项目内跨不同参与单位时的参与人员实时沟通与协作，必要时还可挂接兼容多个外部的专业化项目管理软件（如BIM模型、造价管理软件、项目监控视频系统、项目文档管理系统等）。

3. 跨系统数据接口工具：这是各系统之间数据交互的桥梁与通道，通过各类数据接口工具，实现企业综合平台、企业管理专业软件、项目协同平台、项目管理专业软件之间的数据互通与信息发布，使一个系统中产生的数据能够有效地被其他系统利用。

（二）项目协同管理平台的应用平台及应用对象

1. 系统架构及应用平台的选择

基于对工程项目现场工作的特征分析，项目协同管理平台的系统架构及应用平台考虑如下：

● 作为典型的协同管理工具，系统应采用B/S架构，即主要程序安装在网络端云服务器中，用户只需打开电脑浏览器即可使用。

● 项目现场人员有大量日常工作要在工地现场走动完成，现场管理人员对项目信息的获取以及对现场一线状况的实时描述，都需要实时在一线获取，而非回到办公室中办理，因此，系统设计要充分考虑这一特点，大力开发移动端功能，充分利用用户的手机功能，解决项目一线巡查时信息获取与信息输入的问题。

● 支持移动离线应用，减少项目工地现场网络条件及移动流量对系统应用的限制。

● 系统应提供专用的绿色版PC端小工具，提升用户操作便利度及使用体

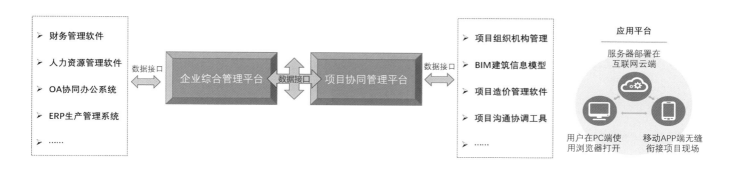

验，使用户更易学易用。

2.项目协同管理平台的应用对象

项目协同管理平台定位于"以工程项目协同管理为核心的项目多方协同管理云平台"，其主要的用户对象包括：

● 咨询企业总部：用于实现对项目现场机构的管理，以及项目信息收集与动态跟踪。

● 咨询企业项目现场服务机构：获取项目信息，以及与项目各方沟通交流，实时记录项目一线动态。

● 项目建设单位：全面了解项目现场实况，监督项目现场实时问题的发生与整改情况。

● 项目各参建机构：获取项目上与本单位相关的重要实时信息数据，快捷有效地实现参建机构间的协同工作。

3.项目协同管理平台的主要功能

（1）项目信息门户

项目信息展示是进入工程项目后的主页面，用于集中展示项目概况、天气预报、重要的通知公告、项目组织机构、项目实时进度，重要的统计分析报表等。

（2）项目文档管理

● 项目文档目录管理：支持项目文档目录的导入、导出，方便企业发布标准化文档管理目录，且项目现场能够根据本项目实际情况做适当调整。

● 项目文档权限管理：分目录设定文档的查看、维护等不同权限，方便多参与单位协作时有效控制文档权限。

● 项目文档查询检索：文档在线浏览模式优化，对网络带宽的要求较低；同时支持大多数文档类别内容的全文检索。

● 项目文档属性管理：标签式文档属性管理，方便文档的检索及快速归类；且属性设置同时支持企业标准化属性模板及项目自定义属性模板混用。

● 项目文档一键移交：可根据需要对系统内本项目的所有文档一键打包后下载，方便项目竣工时电子档案资料的交付；同时，下载后的文档均为原格式，即使脱离本系统也能方便有效地读取和使用项目档案。

● PC客户端上传工具：定制的文档上传小工具，支持从本地电脑上直接拖拽文件后批量上传到系统服务器端，大幅减轻了一线项目资料员的文档上传工作压力。

● 移动端浏览项目文档：可在手机上直接查阅本项目文档，方便用户尤其是项目一线管理人员在项目现场对文档随查随用。

（3）项目进度快照

项目现场管理人员在进行项目巡视时，可使用手机移动APP上的进度快照管理功能，实时拍摄项目当前进度照片并上传到系统中，供所有用户尤其是因故无法到现场查看的项目管理层，及时获取对项目进度情况的直观感受，了解项目最新的进度状况。

系统中积累的进度照片，在项目完成后将成为重要的建设过程资料用于项目归档。

（4）工程现场管理

● 配置工程检查项：根据工程的管理范围、管理内容与管理深度，设置工程检查项，用于项目现场检查时对查出来的问题进行归类整理；支持检查项清单的导入导出，企业技术部门可向所有项目发布指导性的检查项清单，以实现项目现场检查工作的标准化管理，项目现场也可根据本项目的实际情况进行调整。

● 配置并管理工程图纸：配置并上

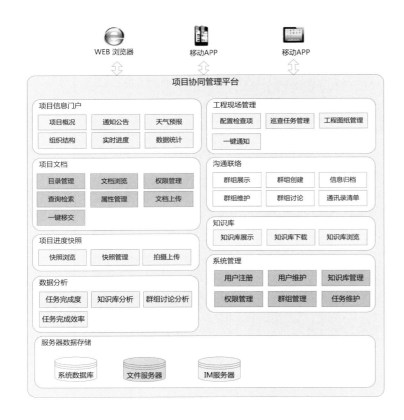

传工程各部位的平面图纸，用于项目现场检查时，标识问题所在具体位置，方便整改与整改后的核验。

● 项目现场巡查任务管理：工程师在项目巡查过程中发现问题，可使用手机上的移动APP，当场拍照、添加问题描述、关联工程图纸位置后，将问题记录到系统中，如该问题需要相关施工单位进行整改的，还可直接指定整改人及整改期限；问题上传进系统后，并自动发布给相应整改人进行整改，整改人使用手机将整改结果拍照并说明整改情况，经问题发布人认可销项后，问题整改完毕。具有相应权限的项目参与各方，可以在系统中随时查看项目目前存在的问题及整改进度等。

● 项目现场巡查任务的输出：系统提供了"一键通知"功能，工程师可以在PC端选择相应的巡查任务，直接导出成《通知单》《工作联系单》、问题报表等文档，用于重要问题的书面发布，及各类汇报文档的制作，实现了一线检查工作与项目文书、汇报工作的直接互联互通。

（5）沟通联络功能

系统在移动APP端开发了类似微信、QQ的即时通讯功能，可以实现项目内部各参与机构之间、公司总部与项目现场机构之间的实时沟通联络，与微信、QQ的主要区别在于：

● 通讯录清单由系统管理员后台维护后所有用户即可使用，个人无须再做添加好友等操作，人员变动情况均可实时反馈，不再担心未能及时将已离开本项目的人员清群而导致的项目信息泄露。

● 项目沟通信息以项目为单位来组织，所有信息留存在项目内部并在服务器备份，避免了微信等通信工具中加群太多导致的信息无法查找、信息丢失等问题。

● 沟通过程中发送的文档资料可以直接转入项目文档管理模块进行归档。

（6）知识库功能

系统在移动APP端提供了专门的知识库模块，方便用户快速地检索、查询知识文档，将企业知识管理的成果真正传输到项目现场一线工作人员的手中，帮助现场人员提升个人专业技能水平，为业主提供更专业的管理服务。

（7）其他辅助功能

除上述主要功能之外，系统还提供了如"签到""工作汇报""文档收藏"等辅助功能，方便用户使用，提升用户体验。

（三）项目协同管理平台应用展望

《2016–2020年建筑业信息化发展纲要》中指出："十三五"时期，全面提高建筑业信息化水平，着力增强BIM、大数据、智能化、移动通信、云计算、物联网等信息技术集成应用能力，建筑业数字化、网络化、智能化取得突破性进展。

近年来建筑业信息化的信息技术基础环境较前些年已经取得了突破性的进展，但是，对于工程咨询企业尤其是广大的中小型监理企业来说，BIM、GIS、物联网等信息技术的推广应用，需要高度专业化的人才培养，大规模资金的投入，以及项目决策者的主动推动，咨询企业作为以知识服务为主体的项目建设

辅助方，在主动应用此类技术提升技术与管理能力上存在诸多困难与瓶颈。同时，建设工程项目管理过程中，数量繁多、难度不一的专业管理软件之间缺乏良好的数据交互环境，反而导致更多"信息孤岛"的出现，专业软件的落地实操应用过程困难重重。

项目协同管理平台基于上述问题，为工程咨询企业应用信息化技术进行能力提升与知识积累，给出了相对简单易行的解决之道。企业无须做大量的复杂培训指导以及大规模的基础设施建设、资金投入，从提升效率入手，确保项目一线的普通工作人员也能迅速上手应用。

另一方面，项目协同管理平台的未来发展方向，是要成为项目协同工作中枢以及项目信息数据的交互应用中心，在今后的发展过程中，可以用于集成各类专业建筑信息化软件工具，提供统一的操作管理入口及数据读取交互接口，打通"信息孤岛"，为那些复杂的专业软件找到合适的落地途径，降低应用门槛，加速行业信息化的发展进程。

咨询产业将是我国21世纪最具希望的朝阳产业之一，近年来我国咨询市场规模在迅速扩张，市场化程度进一步提高，工程咨询企业的传统运营管理模式，在日趋复杂的、日新月异的技术进步中面临新的挑战。企业信息化发展能力与水平将在这一轮转型升级中起到至关重要的作用。打破旧有的管理模式框架，兼顾创新与实操，提升企业和员工对新技术、新模式、新产品、新形势的适应与创造能力，才能让企业在这场竞争中立于不败之地。

项目管理与监理一体化服务模式探讨

鹿中山[1]　　杨树萍[2]
1.合肥工大建设监理有限责任公司　　2.合肥工业大学土木与水利工程学院

摘　要：文章通过剖析项目管理与监理一体化具体案例，给出项目管理与监理一体化服务模式的定义，分析了项目管理与监理一体化服务范围、服务内容、职责分工。通过职责分工的具体数据对比，指出项目管理服务与监理服务的异同。根据工程实践，文章给出项目管理与监理一体化服务模式的组织架构，梳理了项目管理与监理一体化服务的工作思路，凝练出开展项目管理与监理一体化服务的感悟。文章指出项目管理与监理一体化服务将监理服务向工程管理的前后延伸，拓宽了服务范围，拓展了服务内容，是监理公司向项目管理公司转化的过渡阶段。

一、项目管理与监理一体化服务模式的含义

（一）工程项目管理业务范围

建设部建市 [2004]200 号《建设工程项目管理试行办法》第六条工程项目管理业务范围包括：（1）协助业主方进行项目前期策划，经济分析、专项评估与投资确定；（2）协助业主方办理土地征用、规划许可等有关手续；（3）协助业主方提出工程设计要求、组织评审工程设计方案、组织工程勘察设计招标、签订勘察设计合同并监督实施，组织设计单位进行工程设计优化、技术经济方案比选并进行投资控制；（4）协助业主方组织工程监理、施工、设备材料采购招标；（5）协助业主方与工程项目总承包企业或施工企业及建筑材料、设备、构配件供应等企业签订合同并监督实施；（6）协助业主方提出工程实施用款计划，进行工程竣工结算和工程决算，处理工程索赔，组织竣工验收，向业主方移交竣工档案资料；（7）生产试运行及工程保修期管理，组织项目后评估；（8）项目管理合同约定的其他工作。

（二）项目管理企业资质

建设部建市 [2004]200 号《建设工程项目管理试行办法》 第三条项目管理企业应当具有工程勘察、设计、施工、监理、造价咨询、招标代理等一项或多项资质。工程勘察、设计、施工、监理、造价咨询、招标代理等企业可以在本企业资质以外申请其他资质。企业申请资质时，其原有工程业绩、技术人员、管理人员、注册资金和办公场所等资质条件可合并考核。

（三）项目管理与监理一体化服务模式

工程监理企业受建设单位委托，执行施工阶段常规监理服务，且在工程建设全寿命期内，综合协调管理各参建单位的分工合作，如综合配套、设计管理、招标采购、接口管理等，整合优化资源，科学完成投资、进度、质量等预期目标。项目管理与监理一体化服务模式即工程监理企业既承担工程的项目管理服务，又承担工程的监理服务。

二、项目管理与监理一体化服务机遇

（一）大型电子工业洁净厂房的监理

服务

2009年3月~2010年10月，合肥工大建设监理有限责任公司（以下简称"工大监理"）执行合肥京东方第6代薄膜晶体管显示器件项目监理服务，本工程建筑面积427000m²。期间，2009年9月~2010年11月执行合肥京东方第6代薄膜晶体管显示器件综合配套区项目监理服务，本工程建筑面积80000m²。合肥京东方项目采用项目管理公司＋监理公司的项目管理模式。通过20多个月的合作，工大监理提供了优质的监理服务，赢得了业主的支持与信任。

（二）大型电子工业洁净厂房综合配套区的项目管理与监理一体化服务

2011年04月，京东方集团在合肥开建第8.5代薄膜晶体管显示器件项目，本项目建筑面积700000m²，工大监理

承担监理服务。

2011年08月，第8.5代薄膜晶体管显示器件项目综合配套区项目开始建设，本项目建筑面积200000m²，其中一期工程120000m²，二期工程80000m²。基于工大监理之前的良好监理服务质量，在配套区开工之前，工大监理向业主提交详细的项目管理策划报告，与业主经过多轮磋商，得到了业主认可，获取了该工程项目管理与监理一体化服务合同。

三、项目管理与监理一体化服务模式剖析

（一）工作范围

1. 包含本项目工程施工范围内的土方工程、桩基础工程、临时设施工程、

室内外土建工程、机电安装工程、供配电工程、弱电工程、消防工程、生活区道路及绿化工程、内外装饰工程、混凝土搅拌站驻厂监督、见证取样送样等。

2. 包括项目合同与采购管理、项目进度管理、项目设计管理、项目施工管理、项目质量管理、项目安全管理、项目费用管理、信息与行政管理、认证、许可服务等。

（二）职能分工表

（三）对京东方项目管理公司与监理公司工作任务的分析

项目管理公司与工程监理公司对工程管理工作任务的管理职责分为决策（Decision，D）、筹划（Plan，P）、执行（Execution，E）、检查（Check，C）、参与支持（Support，S），管理职责可以组合执行，如"PE"表示"筹划而且执

第8.5代薄膜晶体管显示器件项目综合配套区项目管理职能分工表 　　　表1

	第8.5代薄膜晶体管显示器件项目综合配套区项目					
	职能分工表					
	表中符号的含义：D-决策；P-筹划；E-执行；C-检查；S-参与支持					
	工作任务	相关单位				
		业主	监理	设计	总包	分包
	一、项目合同与采购管理					
1	招标计划、内容（标的）范围编制	DC	PE			
2	合同结构及分包界定	DC	PE	S		
3	招标文件和其他相关手续	DC	PE			
4	招标文件审核	DC	PE			
5	邀标	DC	PE			
6	评标	DC	PE	S		
7	定标	DEC	PS			
8	合同谈判	PE	S			
9	合同签订	DC	PE			
10	合同纠纷	DC	PE			
11	合同执行情况的监督、检查、处理	DC	PE	S		
12	合同变更	DC	PE	S		
13	索赔和反索赔	DC	PE			
14	处理保险事宜	DC	PE			
15	合同管理收尾	DC	PE			
16	供货催交		PE		S	S

续表

二、项目进度管理						
1	编制项目总进度计划	DC	PE	S	S	S
2	编制总体施工进度控制计划	DC	PE	S	S	S
3	编制短期作业进度表		C		PE	S
4	施工进度跟踪对比报告		PE		S	S
5	施工进度协调会议		PE	S	S	S
6	进度更新和维护	DC	PE	S	S	S
7	材料和设备到场计划	DC	PE		S	S
三、项目设计管理						
1	设计管理	DC	PE	S	S	S
2	空间管理	DC	PE	S	S	S
四、项目施工管理						
1	制定施工管理工作计划及相关工作流程和制度	D	PE		S	
2	编制详细的施工现场管理手册，包括人员管理系统	D	PE		S	
3	施工验收管理					
1）	编制综合验收计划	D	PEC		S	S
2）	组织和协调		PEC		S	S
3）	确定验收文件标准格式		PEC	S	S	S
4）	分部分项质量验收		C	S	PE	S
5）	单位工程预验收		PEC	S	S	S
6）	单位工程竣工验收	DC	PE	S	S	S
7）	组织资料验收		PEC	S	S	S
8）	整理问题清单		CC		PE	S
9）	督促整改		PEC		S	S
10）	审核系统性能和验收测试结果		PEC	S	S	S
11）	联系相关政府部门（消防、规划、质量等）		PE		S	
12）	使用方相关人员培训准备		PE		S	S
4	系统开通					
1）	土建	D	PEC	S	S	S
2）	一般机电系统	D	PEC	S	S	S
3）	变配电系统	D	PEC	S	S	S
4）	消防、电梯、锅炉、压力管道	D	PC	S	S	E
5	质量监督备案					
1）	消防	S	PE	S	S	S
2）	规划	S	PE	S	S	S
3）	环保	S	PE	S	S	S
4）	绿化	S	PE	S	S	S
5）	交通	S	PE	S	S	S
6）	质监站	S	PE	S	S	S
6	移交、工程保修					
1）	工程实体移交	D	PE		S	S
2）	工程资料移交	D	PE		S	S

序号	工作内容					
3）	工程资料提交城市建设档案馆	S	PE		S	S
4）	签订工程保修合同	D	PE		S	S
5）	工程质量保修	D	PE		S	S
7	甲供材料统筹管理	DC	PE	S		
8	竣工图	DC	PC	S	E	S
9	竣工验收报告	DC	PE	S	S	S
五、项目质量管理						
1	编制质量管理计划	D	PEC	S	S	S
2	检查及督促设计工作质量		CS		S	S
3	施工单位（供应商）质量管理体系及落实情况		PEC	S	S	S
4	编制质量改进方案		PEC	S	S	S
5	工程实体质量控制		PEC	S	S	S
6	施工过程质量控制		PEC	S	S	S
7	质量问题整改监控		PEC	S	S	S
8	施工质量情况报告		PEC	S	S	S
9	审查样品	DC	PEC	S	S	S
10	材料现场监测	DC	PEC	S	S	S
11	材料实验室检测		PEC		S	S
六、项目安全管理						
1	审核设计其内容是否符合国家有关安防设计规范、有关设计安防要求和标准	D	C	PE	S	S
2	协助业主审核设计内容是否符合业主对建筑物安全的特殊要求，并根据需要提出修改意见	D	C	PE	S	S
3	编制现场安全文明施工计划	D	C		PE	S
4	安全文明施工体系建立、落实情况		C		PE	S
5	安全文明施工情况检查		C		PE	S
6	问题整改、检查		C		PE	S
7	用电安全		C		PE	S
8	安全措施强制执行		C		PE	S
9	事故汇报和应急反应		S		PE	S
10	安全文明施工报告		C		PE	S
11	安全文明施工培训		C		PE	S
七、项目费用管理						
1	编制成本分解结构（CBS）	DC	PE		S	
2	投资概算和预算	DC	PE			
3	编制资金使用计划	DC	PE		S	
4	确认已完工程量	DC	PC		E	E
5	审核工程进度款	DC	PC		E	E
6	变更的审核和批准	DC	PC		E	E
7	费用评估和报告	C	PE		S	S
8	投资控制报表和报告	DC	PE			
9	工程结算和付款	DC	PE		S	S

续表

10	工程结算报告	DC	PE			
	八、项目信息与行政管理					
1	建立信息管理框架	DC	PE	S	S	S
2	协调程序	DC	PE	S	S	S
3	文件管理控制要求	D	PE	S	S	S
4	文件标准格式和模板	D	PE	S	S	S
5	工程综合管理报告	DC	PE	S	S	S
6	项目例会会议纪要和分发		PE	S	S	S
7	RFI等变更文件资料管理	DC	PE	S	S	S
8	月报	C	PE		S	S
9	各项验收报告		C		PE	S
10	测试报告	C	C		PE	S
11	操作和维护手册	D	PE		S	S
12	工程资料档案		C	S	PE	S
13	项目管理资料档案	DC	PE		S	S
14	项目监理资料档案	DC	PEC		S	S
15	项目总结	DC	PE	S	S	S
16	竣工图	DC	PC	S	E	S
17	保修维护协议	DC	PC		E	E
	九、项目认证、许可服务					
1	方案设计审查	S	PE	S		
2	初步设计审批/消防审查	S	PE	S		
3	施工图审查	S	PE	S		
4	办理规划许可证	S	PE	S		
5	施工许可证	S	PE	S	S	S
	十、风险管理					
1	编制风险管理计划	C	PE	S	S	S
2	识别风险因素		PE	S	S	S
3	风险分析		PE	S	S	S
4	风险应对措施	C	PE	S	S	S
5	风险监控		PE	S	S	S
	十一、项目总体管理					
1	编制项目实施计划	DC	PE			
2	工程例会	S	PE	S	S	S
3	进度、质量、投资监控、报告	D	PE	S	S	S
4	现场施工组织		C		PE	S
5	现场管理		DC		PE	S

公司	DPE	PEC	PE	PC	PS	DC	CS	S	C
项目管理	1	5	72	9	1	1	2	1	29
工程监理	0	0	15	0	0	0	2	56	15

项目管理公司与工程监理公司的工作内容对比表　　表2

行"。项目管理公司与工程监理公司的工作内容对比见表2所示，表中数字表示执行该项管理职责的工作任务数[1]。

京东方项目工程管理工作任务细分为115项，监理公司提供支持服务（S）56项，占48.7%；提供检查服务（C）15项，占14.3%；提供筹划执行服务（PE）15项，占14.3%。其中只有筹划执行服务（PE）属监理公司自行策划、自主完成的工作，为其实质性核心工作。而管理公司筹划执行服务（PE和PEC）

77项，占73.7%，为监理公司PE项的5.1倍[2]。如上分析清晰显示项目管理与工程监理孰轻孰重。

（四）项目管理与监理一体化服务组织架构

1. 项目总体组织架构（管理团队、监理团队仅为职能划分，实际融为一体）

2. 项目管理与监理一体化服务团队架构

本工程项目管理与监理一体化服务合同将管理职能与监理职能完全融合，

因此我们采用结构一体化模式，组建一个团队同时执行项目管理与监理服务，设置项目经理（任总监理工程师）。

3. 项目管理与监理一体化服务团队架构分析

①项目管理与监理高度融合，信息共享、沟通顺畅、运转高效。

②管理项目经理任总监理工程师，指令线路清晰，执行力强。

③项目管理与监理职能完备，无重叠，可以最大限度整合资源。

④我们认为其实质就是还原了工程监理的初衷。

（五）项目管理与监理一体化服务工作思路

1. 详尽的项目管理与监理一体化工作策划。形成项目管理与监理一体化服务执行手册。

2. 完善的文档体系。形成项目管理与监理一体化服务文档手册。

3. 清晰的高水平的报告体系。

4. 高效运行的项目管理体系。

5. 主动意识。主动思考，提前筹划。

6. 全局意识。预控为主，大局观强，应具有总揽全局的能力和魄力。

7. 践行工作结构分解（WBS）思路，力求清单化管理。

8. 过程控制意识。

9. 合同管理意识，重视界面管理。

10. 闭环思考，动态管理。

11. 创新意识。

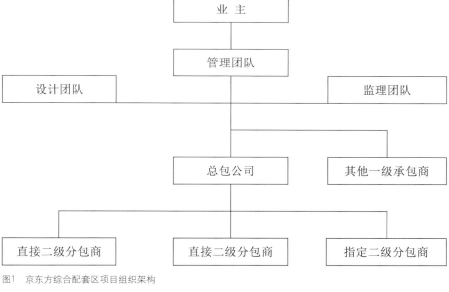

图1　京东方综合配套区项目组织架构

图2　京东方综合配套区项目项目管理与监理一体化服务团队架构图

四、项目管理与监理一体化服务管理实践感悟

（一）常规监理导致监理工程师能力发展的不均衡。

长期开展施工阶段的质量、安全监理工作，使监理工程师对施工现场的质量控制、安全管理能力得到了长足发展，形成监理工程师的局部能力优势。但是对居于工程管理核心的合同管理能力以及工程前期策划、设计管理、商务管理、进度管理等能力则较弱，监理工程师能力发展不均衡。项目管理服务对能力有着更高、更全面的要求。监理工程师能力强弱不均衡，偏科严重[3]。以现有监理工程师为班底开展项目管理工作存在较大难度，需要我们持之以恒的努力才能逐步提高。

（二）成功开展项目管理与监理一体化服务的关键是工程管理意识的转变。由被动意识转变为主动意识、由局部意识转变为全局意识、由阶段意识转变为全寿命周期意识、由跟班意识转变为带班意识。

（三）监理企业开展项目管理服务需要夯实基础工作。夯实人才培养基础工作、夯实造价控制基础数据库建立工作、夯实项目管理各类手册、报告整理、完善基础工作，夯实社会资源收集、建档基础工作。

（四）合同管理工作是项目管理服务的核心。合同文件体系严谨，文档体系完善。

（五）真正的项目管理服务需要公司总部强劲的支持。项目监理部需要有坚强的后盾和平台。

（六）开展项目管理与监理一体化服务与开展常规监理服务相比，需要工程管理人员有更强的责任心。项目管理与监理一体化工程实践表明，工程管理人员责任心确实得到增强。以经济签证处理为例，一般而言，执行常规监理服务时业主要求监理工程师审核工程量，但执行项目管理与监理一体化服务时，我们必须进行完整的审核（量、价），因为最终结算审核是我们分内的工作。

五、结束语

施工阶段的常规监理只关注质量、安全控制，监理行业进入门槛低，导致监理行业在压价→恶性竞争→取费低→人才流失、不足→服务质量不高→社会形象不好→压价的怪圈中徘徊，已经偏离工程监理的初衷。项目管理与监理一体化服务将监理服务向工程管理的前后延伸，拓宽了服务范围，拓展了服务内容，是监理公司向项目管理公司转化的过渡阶段。监理公司应该抓住机遇，积极进取，夯实基础，提高项目管理服务水平。

参考文献：

[1] 鹿中山.工程监理服务评价及激励机制研究[D].合肥：合肥工业大学，2015.

[2] 鹿中山，杨树萍.工程监理与项目管理的比较研究[J].建设监理，2012（5）：53-56.

[3] 杨树萍，鹿中山.我国监理行业现状的剖析及对策[J].建设监理，2003（5）：5-6.

工程监理转型升级探索与思考

汪华东　　陈文杰

四川二滩国际工程咨询有限责任公司

摘　要：本文仅从监理企业角度，通过对监理发展面临的问题以及监理企业转型立足点等进行阐述，对在目前阶段企业如何进行内部建设来为企业向项目管理公司发展作好准备工作进行研究，以期为监理企业的转型升级提供一些思路。

关键词：转型　立足点　准备工作

引言

随着我国投资、融资体制改革的深入，监理企业应当遵从管理模式适应投资体制的规律，建设监理制也应当进一步向全过程项目管理积极拓展。培育一批专业化的工程项目管理公司代替非专业人士管理工程项目是其中一项重要内容，尤其是 2003 年 2 月，建设部《关于培育和发展工程总承包和工程项目公司指导意见》出台后，这一改革举措更是提上日程，作为与国外工程管理公司相似的监理企业，是目前国内有条件向工程项目管理公司发展的企业。面对机遇和挑战，我国监理企业只有积极发展，抓住机遇，不断提升自身的知识和能力，向全过程项目管理发展，努力创建一批在行业内有公信力的名牌项目管理企业，以迎接挑战，才能在激烈的市场竞争中赢得一席之地。

一、监理发展存在问题

从建设部 1988 年颁布《关于开展建设监理工作的通知》起，监理制度在我国已有 20 多年历史，但由于市场体制及条件不具备，赋予监理的权利不能完全兑现，但监理的责任却不断扩大，这有碍监理行业发展，且违背现行建设管理体制设计的初衷。监理行业在迅猛发展中也遇到不可回避的现实困难和问题，主要表现如下。

（一）监理内部存在问题及困惑

1. 作为以提供智力型服务的行业，人员的素质无疑最为重要。但由于监理企业和从业人员生存和发展环境，监理行业收入普遍偏低，也造成监理行业人员流动性较大。束缚工程监理人员素质的提高，单一化的人才结构及多样化的人才的稀缺。

2. 由于监理门槛低，目前造成的监理市场供大于求的局面，因此导致我国监理企业陷入一个恶性循环压价竞争的局面，不断压缩企业应有的利润，为达到招标时对现场监理人员的资质要求，往往采取弄虚作假手段，使得实际投入人员资质与投标差距较大，造成工作深度不够，现场控制效果不明显。

3. 我国工程监理企业的规模小、人员素质不高、取费低、融资渠道缺乏，限制了技术、理论、能力、方法以及国际先进理念等的引进。同时导致科技开发和监理人员的技能培训投入非常少，大型的现代化仪器与设备的配备难以实现，这就使得我国监理企业的科技创新水平都停留在以个人实力为主的阶段。

（二）制约监理发展的瓶颈（外部问题）

1. 服务方式及范围：法律赋予"三控制、两管理、一协调"，由于受业主单位行为主导及承包商"以包代管"等现象的影响，监理已由当初定位的"高智能有偿服务"逐渐蜕变为"劳动密集型"的低端技术监督服务。

2. 定位：监理当初定位为独立公正的第三方，维护双方的合同权益。但实际现实地位尴尬，义务和权利严重不对等，与财务、支付相关的权力基本控制在甲方手中，极大削弱了监理各项管理与控制的地位和作用。少数业主盲目指挥、合同意识差，干扰正常监理工作。权利不到位或不断缩小，业主期望不变或更高，但承担的责任则有逐渐加大趋势。

3. 市场不规范，监理招标过程中不能完全公平竞争，同时由于监理市场门槛低。公司间同质化恶性竞争严重，不断挤压监理生存空间，人均产值低。

4. 行业保护：我国条块区域及行业分割明显，某些地区或行业不允许其他地区或行业监理单位参与项目监理，有些地方政府主管部门利用"潜规则"保护当地的监理企业，排斥外来监理企业进入本地市场。

二、监理企业转型立足点

国内工程监理企业向项目管理进行转型有着深刻的时代背景和现实意义。随着国内市场的对外开放与规模的扩大，国际上先进的工程管理公司开始发展并重视中国市场。国务院有关部门近年来颁布了一系列政策文件，鼓励引导国内企业开展工程项目管理工作，工程项目管理面临着巨大的系统性发展契机；同时国内的一些工程监理企业也意识到原有机制的束缚与局限，因势利导、以市场为导向，根据自身情况尝试采取不同形式参与工程项目管理的不同阶段的实践工作，积累了项目管理相关经验。

（一）国家政策的导向与推动

建设部 2003 年颁布了《关于培育发展工程总承包和工程项目管理企业指导意见》（建市【2003】30 号），文件中就鼓励大型设计、施工、监理企业与国际工程公司以合资或合作方式，组建国际工程公司，参加国际竞争。2014 年 7 月 16 日国务院发布的 20 号文件《关于投资体制改革决定》指出，对于非经营业政府投资项目加快推行代建制，即通过招标等方式，选择专业化的项目管理单位负责实施，严格控制项目投资、质量和工期，

竣工验收后移交给使用单位。而后，2014 年又制订《建设工程项目管理试行办法》（建市【2004】200 号），进一步明确建设监理企业向项目管理公司发展的途径和操作方法。

（二）大型监理企业自身生存发展与抉择

因管理体制、建筑市场生产力水平较低，施工从业人员水平不高、监理行业起步较晚、企业自身综合素质不高等种种因素影响，现实中的监理范围已逐渐缩小到项目工程实施阶段。现场的监理甚至沦为监工，尽管行业并不想这样看待。实际建设过程中出现了理论偏差，不再是仅为业主服务，而是同时"受制于"业主和政府，更加重了监理的责任压力，而监理费用得不到有效落实，许多工程的监理取费不到整个工程投资的 1%。好的监理企业希望淘汰低端的服务，企业的发展诉求越来越高，不期望仅被捆绑在责任大、任务重、地位低、收入少的施工监理上。

我国建筑行业是国内较早开放的行业之一，行业竞争激烈，企业发展时间几乎差不多。尤其所有监理行业都面临僧多粥少的局面，监理企业不断面临复杂多变的国内市场环境，还得面临国外竞争对手的挑战。当前中国经济发展步入新常态，经济增长总体保持平稳，但下行压力加大，经济发展进入中高速增长新常态。传统产业投资相对饱和，各行业产能普遍严重过剩；资源和环境约束日益严苛，传统业务增速显著放缓。因此，结构转型升级是大型监理企业自身生存发展的必然选择。

（三）业主的需求趋向多元化和系统化

由于目前我国大部分监理企业的工作范围仅限于施工阶段的监理，整个建设周期大部分阶段监理都未介入。在协调管理方面，仅限于与业主及承包商之间发生关系，而不能以全面系统的眼光实现工程进度与投资控制。在市场经济条件下，建设单位有着对工程项目完全的自主选择权，他们对项目管理（监理）企业的要求扩展与强度必然提高。随着服务品质的公开化，细化服务与差异化服务将成为建设单位新的需求。而这种需求是国内许多监理企业不能满足的。

项目管理代表全方位、全过程的管理，是我国监理行业发展的趋势。也就是说，提供单一服务的监理企业向提供全过程、全方位服务的项目管理公司拓展是其发展的客观要求。

（四）强制性政策弱化

当前我国监理行业存在诸如监理定位不清晰、责任不明确等体制问题，国家住建部和四川省住房城乡建设厅都明确提出要进一步完善工程监理制度，促进监理行业健康有序发展。2014 年 5 月 4 日，国家住建部发布《住房城乡建设部关于开展建筑业改革发展试点工作的通知》（建市 [2014]64 号），明确将广东省作为建筑市场监管综合试点区。同时，广东省住房和城乡建设厅制订的《广东省住房和城乡建设厅关于建设工程监理管理制度的改革方案》也将深圳、广州、珠海、汕头、湛江作为监理制度改革试点城市，并要试点城市研究制定本市工程监理改革方案，尽快开展试点工作。因此，推行非强制监理制度改革并非深圳"首创"，而是一场自上而下的"革新"。弱化强制监理将逐步在市场的引导下，以及相关法律、法规及政策配套制度完善下进行，监理制逐步是否会被替代成为可能。

当然实行非强制监理并不是要取消监理行业，相反是在市场的推动下，要进一步完善监理制度，进一步拓宽监理业务范围，引导单一监理业务向造价咨询、控制投资、招投标、项目管理等延伸，促进监理行业转型升级。

（五）基础设施建设及国际市场需求

全球化的经济浪潮促进我国工程监理企业的发展壮大，我国政府更加意识到固定资产投资的重要性，国家对基础设施建设投入的增加，以及国家最近推行"一带一路"国家战略，为工程监理企业向工程项目管理公司转型提供良好的机遇。这些都为有实力的工程监理企业拓展行业领域、增加新的业绩和资质，为其提供好的转型模式。

三、监理企业转型准备工作

以上分析可以看出，从宏观方面上看，在市

场需求和国家政策法律等方面的建设发展情况，都向着有利于企业转型方面发展。但监理企业内部体制及功能建设仍与项目管理公司有一定差距。在目前的境况下，作为一个有志改革的监理企业就应抓紧进行与练好自己的"内功"，发挥监理擅管理、协调，合同风险意识强、成本低的优势，改善人才结构不合理、监理范围窄、价值链低、科技管理创新不足的劣势。同时在公司治理结构上，需要建立与项目管理相适应的企业组织结构、充实项目管理人员，拓宽经营思路，建立适应国际竞争要求的企业经营、项目管理体系。具体来说需要做好以下几项工作。

（一）企业组织机构调整

监理企业要依据企业确定的业务范围，建立与所发展业务相适应的组织机构。选定合理的组织机构形式，科学地划分和设置组织层次、管理部门、明确部门和岗位职责，建立起一个适应项目特点和要求的项目管理机构，这是监理企业转型的第一步。

（二）项目管理人员充实及团队建设

由于监理与项目管理在时间跨度及工作广度上不同，需要项目经理综合能力强、知识面广的复合型管理人才。企业在具体人员充实过程中，一是充实项目经理人员，这是企业的主要管理人员，在项目管理公司中居重要地位。二是企业中如何普及管理理论，提高企业人员的整体水平。

（三）建立企业项目管理体系文件

我国监理企业可以参照国内外工程项目管理

公司的项目管理体系，逐一对项目管理体系中的各要素进行研究，建立起本企业的项目管理体系。首先对项目管理体系理论基础进行研究，掌握其中管理原理及一般规律；其次按照项目管理过程，对项目管理体系的各个要素进行总结，形成程序文件；第三应积极拓展高附加值项目管理、咨询、招投标等市场，并在实践中探索、总结，持续改进。

（四）加速推进互联网技术应用

目前，我国多数监理企业在项目管理中对计算机应用仍处于单项功能初级阶段。对于全过程项目管理来说，要进行投资、进度、质量控制及合同、资源、现场管理工作，涉及信息非常大，管理内容也非常复杂，并且整个管理过程要形成一个系统过程，这些必然要求监理企业在转型过程中加强企业信息化建设，提高互联网应用水平，促使信息化建设与生产管理的紧密结合。企业信息化建设可以从软件和硬件两方面进行：硬件方面，要加强企业内部局域网建设，保证企业内部信息流畅、资源共享，同时要加强同项目各方之间的互联网建设，例如与业主方、承包方及供应商之间；在软件方面，企业要培训员工学会使用项目管理软件，项目管理软件发展到现在已经十分成熟，功能也非常全面，几乎具备项目管理涉及的各个方面，而且许多管理软件界面友好，使用方便。

（五）改变企业管理模式

转型升级，必须从体制机制、质量效益、发展方式、市场布局、商业模式、理念能力等全方位谋划转型升级系统工程，注重弥补短板，加强能力建设。具体来说需要遵循以下几个原则：

1. 按照稳妥的原则，实事求是地依据自身情况推进转型的进程。

2. 按照当前国际工程项目管理公司的模式，进行生产经营模式改革，建立全过程管理职能设置，逐步与国际接轨。

3. 转型要结合我国国情，要把国际惯例做法与我国国情结合起来，培育出具有中国特色的工程项目管理公司。

4. 着重企业内部建设，从企业组织机构、管理人员、管理体系、管理方法等入手，缩小与工程管理公司的差距。

（六）改革创新

科技是第一生产力，创新是企业高速发展的核心竞争优势。传统监理监管方式目前仍然主要停留在以个人实力为主的阶段，缺乏大型的现代化仪器和设备。监理发展要突破业务发展瓶颈，就必须充分利用现代化科学技术，增强员工和企业的创新能力。另外，根据管理现代化思路，加快企业制度创新、管理创新、商业模式创新的配套改革。

四、转型战略思路

（一）服务理念转变

监理工作是利用自身的高智能技术服务，通过质量、进度、投资三大目标的控制，以及合同、信息管理，及时协调各方的矛盾，最终圆满完成监理服务。项目管理需要跳出监理范畴：即从"独立的第三方"变为"为建设方创造价值"的咨询管理服务。从"把关""控制"变为"服务""协调"，为项目考虑，为客户服务，让客户满意、利益相关方满意。经营方面不再是低价策略，而是菜单式服务。

（二）市场开拓

企业在确定义务范围时要以监理义务为依托，循序渐进地向项目管理发展，根据市场拓展的需要，在保住传统监理行业的优势同时，需要积极扩展新的资质，拓展新的监理领域。开发新产业，创造新供给。

1. 在做大做强监理市场同时，积极稳妥开展项目管理及项目咨询。坚持以客户价值和需求为导向，提升企业经济效益与品牌价值；并逐渐在战略布局上由监理向项目管理、咨询等高端服务上转型。

2. 按照科学合理的原则配置生产要素，形成强大的技术管理和技术服务能力，并获得规模效应。优先培育一批有行业影响力的项目，为占领国内、国际市场奠定基础。

3. 寻求与国际知名企业合作与交流，学习国外先进的管理经验，熟悉国际竞争规则，为向国际市场开拓奠定基础。

（三）提升核心竞争力

发挥公司优势，有得有失，学会放弃。背靠母公司技术优势或品牌效应，以市场为导向，不断调整战术战略目标。做到人无我有、人有我优，差异化服务，去同质化竞争。

优先打造监理咨询升级版，由传统监理模式向信息化监理模式发展，深入研究"互联网+"，物联网等信息技术，全面创新监理的监控手段。把数字化、网络化、智能化、作为提升公司义务竞争力的技术基点。

五、结论

（一）总体来说目前我国监理行业形势严峻，但应清晰地认识到，发展并未山穷水尽、前途末路，目前的形势仍然是压力与机遇并存，变革图存才是唯一的出路和选择，我们只有充分准备、迎难而上，才能赶得上新机遇、才能抓得住新机会、才能开创新局面。

（二）企业在发展过程中，还要依据自身的具体情况，灵活采取对策。包括（但不限于）深化内部经营、内部薪酬与分配体系、组织机构机制改革，朝着适应市场经济、符合国际惯例、适合我国国情的现代企业制度发展。不同监理企业转型有不同探索过程。监理企业应结合自身实际情况，找出公司竞争的优势、劣势，以及面临机遇与挑战，并采取措施着重弥补自身的短板。在结构调整转型升级中，要注重速度、质量及效益的统一，更加注重收入、风险和盈利的平衡，注重国际与国内、传统与新义务的协调。

对监理行业发展的一些思考

李建平

浙江华东工程咨询有限公司

摘　要：自1988年开始试点建设工程监理制以来，中国工程监理已经走过三十个年头，而自1997年第一部《建筑法》产生并在法律层面上确认工程监理制度到现今，也走了整整二十年。得益于改革开放三十年经济上的飞速发展，我国基本建设获得了迅猛发展，期间引入的工程监理制，同样为国家基本建设作出了很大贡献，同时监理制也在发展中遇到了不少问题。自2017年2月21日国务院办公厅下发《关于促进建筑业持续健康发展意见》（即国办发[2017]19号）后，在包括监理在内的建设各界掀起了极大反响，随后住建部、部分省份积极响应国家政策号召，在解读"国办发[2017]19号"文后相继出台了相应的红头文件进行了具体工作部署。一时间，事关中国建筑业未来发展的接力改革大幕再次被高高掀起，那置身其中的监理行业将何去何从？能否迎来行业变革的春天？

关键词：建筑业　改革　监理行业　发展　思考

一、当前监理行业存在的问题

当前监理行业存在的问题不少，也伴随着行业发展说了30年。在此，笔者想着重谈谈以下几个方面的问题。

（一）建设监理定位

《建筑法》对工程监理的定位表述是："建筑工程监理应当依照法律、行政法规及有关的技术标准、设计文件和建筑工程承包合同，对承包单位在施工质量、建设工期和建设资金使用等方面，代表建设单位实施监督"；《建设工程监理规范 GB 50319-2013》对工程监理的定位是："建设工程监理单位受建设单位委托，根据法律法规、工程建设标准、勘察设计文件及合同，在施工阶段对建设工程质量、造价、进度进行控制，对合同、信息进行管理，对工程建设相关方的关系进行协调，并履行建设工程安全生产管理法定职责的服务活动"。从以上法律和规范的条文表述可以清晰得出：工程监理的实质是代表业主方从事项目管理相关活动，本质上属于咨询服务类行业。这也是我国当初在借鉴国外咨询服务业，进而制定中国监理制最根本的出发点。但与咨询服务业很大不同的是，我国监理服务从业范围突出体现在施工阶段，只是在《建设工程监理规范》GB 50319-2013中将监理服务范围扩延到了"相关服务活动：在建设工程勘察、设计、保修等阶段提供服务"，但仍不是完整意义上的项目全周期、全方位的项目管理。这首先在制度设定上，将监理从业范围加以约束，限制了监理本质是咨询服务业这一根本属性的扩展，也制约了监理行业在更为广阔的空间发展。更为严重的是，在实际的基本建设中，因很多种原因综合影响，监理精力、工作重心很大程度上关注于诸如细节工序质量控制、日常琐碎的基础类检查和验收等大量最基本的控制环节，这严重背离了监理应有的高智商、高端的项目管理的内在本质。可以说，对于项目管理，本该监理重点关注和施加影响的工作没有做到或没有做好，反而不是监理重点关注或监理该干的事情，监理去做了，而且往往还做不好。在业界内此种思维定式和行为长此以往、潜移默化的作用下，现实的监理工作越加偏离了原本的定位，造就了监理行业的畸形发展，以至于恶性循环，名利均无。

（二）责权利的不对等

任何职业或工作都需要责权利的对等匹配制衡，这是组织的一个基本原则，小到一个作业班组，大到一个国家管理莫不如此。作为监理，在遵纪守法的前提下，根据签订的合同行使建设方赋予的权力，本应做分内的事情，拿应得的报酬。但实际上，合同双方现实地位并不平等，乙方往往处于弱势，甲方提供的合同范本往往把监理责任、服务范围等尽可能细致罗列，以免有遗漏，而把监理权利往往加以限制，且竞标评选往往也不是择优取用。若从合同的自愿原则出发，既然签了合同就等于认同了这份合同，不能质疑合同的公平。但实际上，监理不一定能够完全履约，反而将监理的"手脚"全部捆死，一旦工程上出了问题或监理工作不能让业主满意，总能在监理合同中找到与之相匹配的监理不力的"证据"。此外，国家行业部门出台的一些与监理有关的规章制度、管理办法等，有时又被社会过度解读，或者被有意曲解引用，以及近年因工程建设发生质量或安全事故对监理的法律处罚的案例，更是令监理从业者倍感压力，信心不足。而与所承担的合同责任和社会责任相比，监理报酬却不尽人意，性价比远低于其所付出的劳动和承担的责任，且在逐步放开监理市场竞争后，甚至于近些年行业整体效益呈陡坡式下降。这些原因相互叠加，越发让发展本已后劲不足的监理行业陷入恶性循环，造成了监理行业"高门槛、大责任、低收入、低地位"的真实而尴尬的写照。

（三）监理行业管理存在缺陷

政府法制化对监理行业的管理，在《建筑法》《建设工程质量管理条例》《安全生产管理条例》等法规和《建设工程监理规范》都有明确的规定，在具体操作管理层面上，是由地方、行业的各层级监理协会自律管理。监理协会是自愿的非营利性社会组织，本身没有行政角色，可以在一定程度上引导和服务监理行业，但不能很好发挥"规范"作用，对行业发展过程中出现的问题不能做到及时有效纠偏，对外在处理与监理行业有关的事务时发挥的作用也有限。当今的中国国情、中国的发展道路与国外有太多的不同，监理行业的引进和管理可以参考借鉴国外的，但是要根据国情赋予中国特色，尤其是在当今剧烈变革的年代，更要做到扬长避短。

二、监理行业存在的问题原因浅析及建议

监理行业发展过程中出现的问题不是这个行业本身所独有的，这是我国建筑业发展的大环境所决定的，准确地说是我国建筑业大环境下改革的背

景所决定的。21 世纪初，建筑业改革将施工管理层和劳务层分离，企业不再招工，施工企业也逐步转型成为管理企业，把"搞施工"变成了"管施工"，施工实际上由社会上所谓的"专业分包商"和农民工负责。但专业分包商并不专业，农民工也不是产业技术工人，且社会为应对这种改革所采取的配套措施也不完善，没有发挥出配套作用。在经济高速发展的带领下，建筑业取得了巨大成就，工程规模、关键技术不断刷新世界纪录，创造了一个又一个的世界之最，独领风骚；相应与此，本可以至少将工程管理水平提升至与之基本相匹配的水平，但遗憾的是，建筑业因为产业改革的基础不牢，造成业界整体管理水平还处于低水平，而也正是因为基础不牢，安全和质量事故频发，进一步巩固了建筑业的"高危行业""焦点行业"地位。在这种大环境下，社会和行业都往往将关注的重点、焦点放在易出问题的、最基础的一线施工环节，而监理亦在自觉或不自觉、自愿或不自愿中背离了初衷，充当了承包方的"质检员""施工员"，让监理去管"农民工"，甚至于出现了"只要工程出了问题，监理就脱不了干系"的言论，而且这种言论影响广泛，很有市场，这对监理行业的正常发展危害甚大。尤其是当前面对来自国家层面的安全、质量"红线"压力，工程管理越来越严格，因监理行业的特殊性，面对社会舆论和被夹在工程承发包合同双方之间有点喘不过气来。相应于被诟病的监理行业不好的现象，诸如素质低、不被信任、廉政问题等，其实都是这个根本原因作用下所派生的现象。对此，建议如下：

（一）正视和解决建筑业基础不牢固的问题。国务院《关于促进建筑业持续健康发展的意见》（国办发〔2017〕19 号）中有关"提高从业人员素质"内容中表述为"加强工程现场管理人员和建筑工人的教育培训。健全建筑业职业技能标准体系，全面实施建筑业技术工人职业技能鉴定制度。发展一批建筑工人技能鉴定机构，开展建筑工人技能评价工作……大力弘扬工匠精神，培养高素质建筑工人，到 2020 年建筑业中级工技能水平以上的建筑

工人数量达到 300 万，2025 年达到 1000 万"，从中可以看出，国家已经采取措施在解决这个问题。再进一步考虑到当前中国人口老龄化日趋严重和年轻人不愿从事建筑行业的实际情况，在国家政策落地、落实的同时，还需要建筑业本身立足现状，积极采取更多、更有效的措施尽快改观局面。只有基础牢固了，承包履约、管理水平上去了，监理行业才可能有信心回归正位。

（二）扩大监理范围、走差异化层次的服务路线。目前建设监理工作主要局限于施工阶段的监理，不匹配监理本身所具有的广义上的项目管理的本质属性，要想行业焕发生机、迎来春天，应回归监理服务的本质，在从业范围上应覆盖项目筹备、可研、设计、招投标、施工、后评价等全项目周期，并在有条件下进行全过程的综合服务或项目某阶段的服务。监理大的发展方向是全过程的工程咨询服务，但受限于监理行业基本长期处于施工阶段监理限制和行业人员素质不高等综合性影响，这需要有一个较长期的发展过程，也不是所有的监理企业都能够做到。建议监理行业统一部署，制定一个好的发展规划有序推动，过程和政府协调一致；并通过改革试点，总结经验逐步推广，做到以点带面，提高过程工作质量。在此过程中，要从监理行业变革的历史战略高度去做，充分借助政府、政策的力量，及消化借鉴国外先进成熟的咨询业经验高起点去做，真正做到高智商、高素质、高价值，让监理行业重新回归咨询服务业本质。建议在向施工阶段监理的"上下游"拓展业务时，能够在合同承接上尽可能取得项目建设方的项目管理地位，代理建设方去组织各类专业资源完成各阶段任务，类似走"代建"模式，突出和提高监理协调管理方面的优势，同时避免技能不足的短板，做到扬长避短；或者直接走"专业服务"的道路，但在起步阶段应必要借助社会上的专业服务强化自身的履约能力，进而在实践中逐步积累壮大形成自己的核心竞争力。

此外，以施工阶段为主的传统监理仍将是监理从业的重要范围，也是最能体现监理项目管理

价值的阶段，很有必要适应新形势改善该阶段监理服务，而且受市场改革和当前发展形势影响，传统监理的竞争、压力会继续加大，若处理不好，不仅会使现有问题继续恶化，也会对监理行业发展的改革大方向造成不可估量的损失。为此，需要一个强有力的组织引导施工监理回归项目管理本质和约束行业行为，对监理目前存在问题，认真研究，拿出切实可行的解决办法，以及对外建立良好的沟通协调机制，在维护监理正当利益的同时，也改善监理形象，避免监理无序发展、恶性竞争，以免断送了这个行业。此外，对当前相对处于"低端"的施工监理服务，应针对"理论上"代表建设方进行"大而全"的全面项目管理，而实际又不能很好履约的状况，尽可能改变突破，走差异化的层次服务路线。重点突破监理"代建"模式下的施工监理模式，即取得建设方的项目管理地位下搞施工监理；或者走专业化管理（如只承担质量管理、安全管理等比较单一的工作），责任清晰明了，更能有效发挥专业监理的"拳头"作用。这样做不仅可以更适合国情建立专业的监理队伍，也有利于国内监理行业与国际接轨，促进监理行业良性发展。

（三）对现有的监理管理制度和行业协会进行改革，使其能够更有效促进监理行业良性发展和为监理行业取得正当的话语权。监理协会应当发挥政府与企业的纽带作用，反映行业现实情况和企业的呼声，为政府制定和完善法律法规提供实践依据，为行业发展出谋划策，进一步能够起到"规范"行业发展的作用。我们国家能够在改革开放短短三十年的时间取得如此巨大成就，其最成功经验之一即是能依靠制度优势集中力量办大事。中国监理发展规模如此之快，也是依靠法律层面的"强制监理"作为保障，而监理发展质量方面的成绩远不能与数量上的成功相提，与没有一个有权威性、话语权的强有力行业领导机构是有关系的。尤其是在当前监理行业正处于变革的历史十字路口，更需要这样一个"领导"。监理行业从诞生至今，一直是在政府指令（指导）和市场作用两种机制下发展，有时政府行为多些，有时市场行为多些，但至今没有一个能够作为监理行业长期、健康发展的长远、高水准的行业规划，以及为适应国家提出的"发展一批有国际水准的全过程咨询企业……并尽量参与到国际工程咨询事务中去"的"走出去"的配套发展战略。建议应加强监理行业的理论研究和新技术、新方法应用探索，提出一个适合中国监理行业的"行业规划"及成系列的"标准化"作业标准，切实全面提高监理业务水平。政府层面的政策支持不会是一直都有的，也不应该是一直都有的，或一直起主导作用。长远来讲，还是需要行业自身适应市场、自我发展。此外，还需要应对我国建筑业总承包、PPP等工程建设模式的变化，积极探索新形势下如何去开展监理工作的研究和实践。

论工程监理企业将成为推动全过程工程咨询服务的主导力量

黄欣

武汉华胜工程建设科技有限公司

摘　要： 在当今加速变革的时代背景下，工程监理企业凭借国家政策层面的大力支持，二十多年市场经济的实践积淀，竞争环境下寻求转型的内在需要等先发优势和有利条件，在创新发展中突破认知上的局限，寻求从企业到行业再到行业群的转型升级路径，工程监理企业将成为推动全过程工程咨询服务的主导力量。

关键词： 工程监理企业　全过程工程咨询　行业群

当前我们正处在整个人类文明的一个大拐弯时代，每个行业的认知都在迅速叠加，看似原来不可涉及的领域正逐渐相互渗透相互融合。在国家经济发展由需求侧向供给侧结构性改革转变的大背景下，作为我国建筑业五方责任主体之一的工程监理行业，近三十年一线实战管理积淀、一百多万群体、二百多家过亿元收入的企业，有理由、有信心抢抓机遇和资源，适应外部变革，通过转型升级创新发展，形成满足市场多元化需求、提供菜单式服务、打通全过程的"行业群"，成为推动全过程工程咨询服务的主导力量。

一、工程监理企业转型升级创新发展的先发优势

（一）国家政策层面的支持

国办 19 号文在"完善工程建设组织模式"中，用短短 181 个字向包含工程监理在内的工程咨询服务相关各方，提出了"全过程工程咨询"意见要求。住建部专门针对工程监理行业下发 145 号文，提出了"促进工程监理行业转型升级创新发展"的主要目标、主要任务和组织实施等明确意见。说明政府层面已经认识到工程监理行业改革发展的重要性，那种监理制度将被取消、监理没有存在必要的不实之词，已被"全面准确评价工程监理制度，大力宣传工程监理行业改革发展的重要意义"化为齑粉，工程监理行业和企业在国家政策的指引下，将开启转型升级创新发展的新模式。

（二）市场潜在压力和需求变化

监理行业各个资质等级间每年都在不断地变化，综合资质和事务所资质是增长和下降的两个极端，说明行业高端层级竞争将会加剧，而全过程工程咨询将带来新进入者，它会带来新的资源和理念，并加入到现有的竞争中；而买方市场也在发生变化，从一味追求低价转而注重监理的品牌和服务价值，这既得益于地方政府经济发展方式的转变，也说明投资者从单纯追求即时回报，转而更加注重长期投资收益，工程监理市场充满着许多不确定性，而正是这不确定性且有活力的市场，给变革和

创新提供了萌发的土壤，为工程监理企业转型升级调整提供了必要的外部环境。

（三）企业自身的变革要求

收入低、责任大、风险高的行业特征，导致技术、管理等专业人才大量从监理企业流出，导致企业不得不雇佣那些具备简单劳动技术技能的人员，进而影响工程监理企业市场对外议价能力孱弱、自身管理水平低位循环、安全质量责任风险概率陡增的行业通病。这种长期失血缺血的状况，这些的"苦难经历"，我以为对于曾经的舶来品——经过二十多年中国市场经济洗礼的工程监理，谋求改变目前自身不利状况的需求正在聚集膨胀，企业内部变革的力量将会通过某个契机而爆发，这个契机就是创新发展，而这是企业自愿的呼声。

因此，工程监理企业的转型升级创新发展之路可谓具备天时、地利、人和，这是其他咨询服务行业所不能比拟的。适应变革创新发展中的工程监理企业已经具备了主导全过程工程咨询的先发优势。

二、工程监理企业成为全过程工程咨询主导力量的有利条件

（一）大多数工程监理企业体制机制灵活，市场适应能力强

我国工程监理制度借鉴了国外工程管理制度、标准和体系，是在中国特色社会主义市场经济环境下发展起来的产物。大多数工程监理企业成立不过二十年左右，没有过多的历史羁绊和包袱，一些企业通过体制机制改革，产权结构清晰，经营模式灵活多变，原有的科层制管理方式被更为高效的组织管理模式所代替，在未来通过联合经营、资产重组等方式，快速响应市场需求变化、整合优质资源，具备成为智力密集型、技术复合型、管理集约型的全过程工程咨询企业有体制机制上的有利条件。

（二）工程监理企业是建筑产品生产实现全过程工程咨询的参与者和见证者

工程监理企业主要从事施工实施阶段监理咨询工作，而施工实施阶段是调动消耗资源较多、受外界环境干扰较大、组织协同管理较为复杂的产品生产关键阶段。工程监理企业长期浸润在建筑生产活动的现场，代表业主与各个不同阶段、提供不同咨询服务的供应商发生关联，是为项目目标而服务，通过协同各方资源，管理建筑产品生产过程，确保建筑产品最终质量。工程监理企业是建筑产品生产的参与者和见证者，而其他咨询单位只是某个阶段的服务者。特别是近十几年来，工程监理企业已通过提供全过程项目管理、项目代建服务，已涉足并通晓了投资咨询、市场定位、招标采购、工程造价、绿色建筑、物业运维管理等相关咨询服务领域和相关知识，工程监理企业已具备向工程咨询上下游产业延伸的能力和条件。

（三）信息技术发展打通了工程咨询各专业板块

信息技术的不断发展，导致各行各业正在发生深刻的变革。工程监理企业可以凭借大数据、云计算、VR和AR以及BIM等信息技术和发达的互联网资源，通过信息管理云平台，降低信息损失，整合数据资源，实现信息共享，充分发挥协调管理优势，减少人为因素干扰，达到通过网络信息工具实现打通"全过程"，拓展产业链的目的。

未来任何一家企业都将通过联合、重组、互补、股本互持等展开全过程工程咨询业务领域的合作，同时现代信息技术在"碎片"了传统知识的同时，为"打通""重构"工程咨询的全过程提供了技术方面的可能。因此，站在产品实现阶段有利位置的工程监理企业，正可借市场资本手段、信息技术条件以及自身工程实战能力之有利条件，成为全过程工程咨询的主导力量。

三、工程监理企业成为全过程工程咨询需要突破的问题

（一）工程监理企业要突破对服务和产品的认知瓶颈

建筑业咨询服务与其他服务业相比，政策、环境约束性很强。我以为随着建筑业"放、管、服"改革的深入，市场服务主体呈现多元化发展趋

势，新的业态和服务需求不断涌现，原来政策和环境框架下形成的服务形态出现新的变化，企业应该重新审视原来对服务和产品的认知。即通过改变拼价格、拼人数、无差异的低端粗放型经营方式，重构企业内部制度考核检查机制，形成主动开放管理模式，引入模块化、标准化、流程化的服务设计概念，对现有监理服务重新定义；同时，加强用户需求研究、关注用户体验，变"被动应答"为"主动讲述"，建立客户关系维系机制，制定界面明确、逻辑严密的服务产品清单和管理清单，完成定制化、专业化、职业化的服务升级。

（二）工程监理企业要突破对"用"人的管理束缚

未来无论是全过程工程咨询还是专业化工程监理，其智力密集型、技术复合型、管理集约型或成为其特色标签。那些原只具备简单管理技能和经验型人员，会逐步被信息化、专业化、职业化人员所淘汰，赋予的"责任"有着现实意义的使命，"经验"已升级成为综合分析判断能力，管理者面对掌握着不同于过去技能和知识的新人类，若用原来的一些方法、理念和激励手段来管理，将会出现一系列的苦恼和困惑。而随着整体行业吸引力增强，会有一批有较高职业素养、具备跨界知识结构的人才加入进来，那时人力资源管理将变得愈来愈重要。

（三）工程监理企业选择好市场定位比盲目做大更重要

"未来监理企业类型结构一定是多领域（专业）、多层次、各具核心竞争力及特色、综合和专业相结合、资源能力互补的多元化模式"。现有的竞争格局将被改变，选择好自身企业的市场定位、发展方向将比盲目竞争更为重要。诚信体系建设、资质改革、招投标制度改革，等等举措，说明无差别化的竞标投标模式，只会浪费社会公共资源。将来企业的"长板"才是特色，而所谓的"短板"将被更为灵活的市场资源配置机制所弥补，各具核心竞争力的工程监理企业，更容易通过联合、互补等方式，成为全过程工程咨询服务的提供商。

因此，工程监理企业应重新设计监理从服务－产品－新服务的升级路径，定义清晰的人力资源管理，辩证认识长板和短板，突破思维和管理的束缚，在全过程工程咨询服务发展过程中完成转型升级。

过去改革开放三十年，工程监理企业没有走出各自被计划经济划定的圈子，甚至视原来的圈子为不可复制的资源，远离"行业"这一大的生态圈而不觉。然而，现在原有的藩篱正被打破、原有的界碑在消失，投资咨询、商业顾问、金融保险以及行业内的设计、造价、审计、施工、物业管理等都在相互渗透相互融合，我以为未来工程咨询服务业相互依存度更高，更多的企业会以"行业"为母体，依托形成的"全过程"产业链，以企业组织内变革融合、组织外联合重组等方式，适应第三次经济全球化的加速变革。因此，工程监理企业应以当下转型升级创新发展为契机，发挥自身潜在优势和能力，克服认知和发展上的瓶颈问题，主动融入到"行业群"之中，成为推动全过程工程咨询的主导力量。

从设计师转型为设计管理的思考

钱铮　　曹婧

浙江江南工程管理股份有限公司

摘　要：设计师转型成为设计管理者是常见的角色转换，但这是技术岗位向管理岗位的横向跨越，极易踏入思维习惯和角色认知的误区。本文分析了转型过程中的四个常见问题，分别为：名义上的设计管理，实际上的技术总工；过于追求技术的完美，忘了追求项目的卓越；从优柔寡断到草率武断走入两个极端；对设计师怀有同情心而非同理心。然后提出了相应的解决办法。最后对提升项目管理能力提出两点想法，一是从Project软件操作入手，二是借助PMBOK学习项目管理。

关键词：转型　设计管理　管理能力

一、引言

建设工程中的设计，是把规划、设想等用图形和文字的形式传达出来的活动过程。要完成这个过程，首先要理解业务、技术和行业上的需求和限制，即具备足够的专业技能，在此基础上服务具体的用户，将专业技能转化为对产品的规划，使得产品的形式、内容和行为变得有用且贴合用户需求，并且在经济上可行。设计管理，则是一系列针对设计策略与设计活动的管理。一般表现为，根据用户的需求有计划有组织地进行管理活动，有效地调动设计师的开发创造性思维，把市场与消费者的认识转换在新产品中，以新的更合理、更科学的方式影响和改变人们的生活，并为企业带来合理的利润。由此可见，设计是一个利用知识进行创造的过程，设计管理是计划、组织、指挥、协调及控制设计的过程。

设计管理是重要的，业内对此已有深刻的认识，并进行了有益的探讨。文献1对设计管理方法作了讨论，文献2、3提出了基于知识管理的模式再造，文献4、5分别对设计管理中的造价管理和质量管理进行了讨论，文献6分析了当前设计管理存在的问题，并提出了初步的对策，文献7、8更是分析了具体的工程案例，总结了设计管理的经验（见参考文献）。

我国有为数众多的专业设计师通过在设计院的工作完成专业知识和经验的积累，然后转型成为设计管理者，但是如何成功转型却较少有文献记载。虽然两种角色都带"设计"一词，但本质上却是从技术岗位向管理岗位的横向跨越，要成为一名称职的从业人员，二者互相不为充分或必要条件。本文即对这一问题进行探讨。

二、转型过程中的常见问题及解决办法

专业人员转型为管理人员的过程中，经常踏入思维习惯和角色认知上的误区，分述如下：

（一）名义上的设计管理，实际上的技术总工。由专业技术人员转型过来的管理者，其技术能力很强，因而往往倾向于越俎代疱，亲自解决所有的技术问题。他们通常会表现出对图纸审查的狂热，一头扎进图纸堆里认真寻找设计上的纰漏，还非常充满成就感。殊不知这样其实只是从设计师转变为审查设计的技术总工，着眼点还是在技术上，

并不具备管理所要求的宏观视野。

相应的解决办法是，端正自己的角色认知，深刻解读岗位职责。设计管理是在"做产品"而不是"做设计"，要时刻记住服务的客户是谁，以同理心去推测客户希望的产品是怎样的，投入与产出是否合理，然后把客户对产品的需求进行编码，用专业化的语言向设计单位传达设计思路和设计要求。诚然，在技术团队中，专业上成为领军人物是非常重要的，但在管理团队中，雇用比自己更好的人才来做事才体现优秀管理者的水平。设计分工越来越细化，除了传统的建筑、结构、水、电、暖通以外，景观、内装修、智能化、工艺、幕墙；等等也都渐渐成为不可或缺的组成部分，因此需要设计管理去做的资源整合工作越来越重，避免陷入焦头烂额还劳而无功的关键在于，管理者或工程师只扮演一个角色！既然有志于从事设计管理，就把设计工作放手让别人去做。

（二）过于追求技术的完美，忘了追求项目的卓越。专业转型的管理人员追求技术完美是一种常态，总是希望把自己的每一个项目都打造成精品甚至艺术品，尤其现阶段国家层面上推崇"工匠精神"以后，更是将过分解读的工匠精神升格为行动纲领，由此带来的负面作用是牺牲工作速度，甚至舍本逐末，忽略了对最终结果的认定。追求卓越则是培育、发挥己方优势的同时允许某些短板的存在，通过扬长避短挖掘潜力，做出第一流的产品。追求卓越是志存高远，要达到的目标是优秀，而追求完美是过分挑剔，要达到的目标是满分。笔者曾设计过一个项目，在已经进展到非常深入的阶段时，设计管理者对外立面竖向线条的比例和间距不满意，以黄金分割法则为依据，要求重新调整柱网尺寸以使结构外边柱与立面竖线重合。仅仅 0.5~1 米的间距调整，却几乎毁掉之前全部的劳动成果。

相应的解决办法是，经常反省自己是否要求过高过严，提醒自己把关注点聚集到产品的终极目标上，不要过分追求表面的、形式上的东西，要懂得取舍，对可能达不到的目标或者投入产出比明显不合理的目标应果断放弃。过分追求完美的外在表现经常是对别人求全责备、斤斤计较，苛刻到甚至变得刻薄，很容易钻牛角尖，所以当接收到别人反馈的意见符合上述

特征时，尤其应反省自己，及时收手。

（三）从优柔寡断到草率武断走入两个极端。项目的设计之初与市场调研部门缺少足够的沟通和论证，对产品的宏观把握能力不足，因此在方案定稿阶段就表现出举棋不定，要么没有科学的评价体系来帮助决策，要么为不断冒出的新念头所累使得朝令夕改。但是项目必须要推进，前面占用的时间越多，留给后续工作的时间就越紧，当到了进度倒逼决策的时候，只能草草定稿以解燃眉之急。这样的处事做法给项目带来很多弊端，最主要有两点，首先就是设计管理者对定案不自信，其次可能使后续的设计过程遭遇频繁的变更，既让设计单位付出了大量的无效劳动，又使自己的工作陷入无序和紧急之中。这个误区在房地产企业的设计管理部门中较多出现，而在项目管理公司中较为少见。因为房地产企业本身就是业主，对前期的方案审定尤为关注，而项目管理公司介入时往往设计方案已由业主单位确定，甚至初步设计也已经完成。

相应的解决办法是，首先从整个项目入手，为各个分项任务分配合理的工作时限，然后在规定的时限内必须完成对应的任务，并建立奖惩机制，对各项任务的完成时间只允许压缩不允许延长。划分分项任务时不宜过细，始终坚持宏观把控的理念。宏观把控即全局观，不仅能对整个项目阶段做合理的分解，如主体设计（含方案、初步、施工图设计）、智能化设计、室内设计、景观设计、市政设计、机电设计，等等，还应该明白各阶段之间的相互关系是并行还是串行，比如主体设计和景观设计可以平行进行，而景观设计是市政设计的前提条件，二者只能串行。对于能够并行的阶段要同步展开，尤其是后面还有串行阶段的更要尽量前置，这样才能避免管理者犯只见树林不见森林的毛病，知道自己该把时间花在哪儿，同时通过优化设计流程给自己争取到尽可能多的思考和决策时间。

（四）对设计师怀有同情心而非同理心。设计工作是一项非常艰苦的脑力劳动，而客户往往对这种艰苦知之甚少，在整个设计过程中频繁提出修改意见，因此常使设计师产生劳动不被尊重的挫折感。当这些设计师转型当管理者后，往往

对同样"苦出身"的设计师们怀有强烈的同情心，觉得有必要利用现有的管理职能给他们减减负泄泄压，因此放松管理力度，默许设计师降低执行力。这个误区最具有人情味，仿佛使设计管理温情脉脉起来，而实际上却混淆了同理心与同情心的区别。遇到同样的经历，同情心考虑的是"我"有什么感受，同理心考虑的是"他"有什么感受。如果是一位勤奋的设计师，他需要的不是劳动强度的降低，而是其劳动成果得到尊重，比如辛苦工作一个月的作品不被随意更改甚至抛弃，当这点得不到满足时，仅仅把一个月的劳动时间放宽到三个月并不起什么作用。

相应的解决办法是，把思维逻辑从由己到人的主动式改变为由人到己的被动式。由己到人，是先考虑自己的感受，然后对这种感受进行反应，并把反应施加给别人，当自己的感受是糟糕的，那么给予别人的反应更像是对自己顾影自怜的心理补偿。由人到己则相反，是先考虑别人的感受，然后对这种感受进行反应，并把反应转变为自己的行动。厘清这个区别后，从设计师转型的设计管理者是非常容易做到以同理心思考的。

三、提升管理能力的方法初探

专业技术人员具有一些优秀的品质，在转型过程中如善加利用，那么对加速转变是很有帮助的，其中最重要的一点应当是善于学习实践性、操作性很强的知识。

从字面上看，管理的四大职能——计划、组织、指挥、控制——的实践性、操作性不强，给人一种无从下手的感觉，但是作为一款优秀的管理软件——Microsoft Project，它却是实实在在能够操作的，同时把项目分解成任务或任务聚合成项目，使整个管理过程变成具象化的流程、数据、图表，因此专业技术人员可以把学习该管理软件作为转型期间的重要工作来做，这样既形成了转型衔接的平缓段，又对转型后的工作有了感性上的认识。

但是不要由此进入另一个误区，把熟练应用软件与熟练进行管理等同起来。软件只是工具，能熟练应用 Word 不代表能写出优秀的文章，能熟练应用 AutoCAD 不代表能设计出优秀的建筑，所以要做出优秀的管理业绩还是要培养、锻炼管理技能。PMBOK 能提供这方面的帮助。PMBOK 是 Project Management Body Of Knowledge 的缩写，即项目管理知识体系，是美国项目管理协会对项目管理所需的知识、技能和工具进行的概括性描述。设计基本上都是以项目为单位进行的，那么设计管理基本上也就是以项目为单位的管理，于是与 PMBOK 能很好地契合起来。

四、总结

本文阐述了设计与设计管理的区别，对设计师转型为设计管理者所易犯的四种错误进行了归纳和分析，可概述为越俎代疱、过于追求完美、工作时间分配不合理、同情而非同理，并提出相应的解决办法，最后对提升项目管理能力提出了两点想法，一是从软件操作入手，二是借助 PMBOK 学习项目管理。

好的技术人员不一定是好的管理者，但若技术人员确实愿意向管理者转型，那么本文可提供一定的参考。

参考文献：

[1] 鲍庄刚.民用建筑工程设计管理方法浅议[J].江苏建筑，2007，05；59-61+64.

[2] 李湘桔，尹贻林. 基于知识管理的建筑设计项目管理模式再造[J]. 社会科学辑刊，2009，05；104-108.

[3] 齐绍东. 基于知识管理的建筑设计项目管理模式再造[J]. 佳木斯职业学院学报，2014，10；192.

[4] 张叶田. 建筑设计阶段工程造价的管理控制[J]. 中外建筑，2005，05；75-77.

[5] 焦海涛. 浅谈建筑设计项目的质量管理[J].项目管理技术，2008，S1；147-150.

[6] 姬建明. 分析建筑设计管理存在的问题及对策[J]. 门窗，2015，04；137+139.

[7] 吴一帆. 大型建筑工程总承包项目中的设计管理及控制[J].建筑施工，2014，04；456-457+461.

[8] 梁晶.剧院建筑设计的难点和设计管理重点探讨-以武汉琴台大剧院为例[J].艺术科技，2007，02；21-24.

全过程工程咨询背景下总监理工程师能力的更新与延展

孙璐　　张竞

中国建设监理协会

随着"一带一路"国家战略的推进，越来越多的工程监理企业走出国门，开始与世界级的工程咨询巨头同台竞争。但在迎来机遇和挑战的同时，我们也不得不审视自己的商业和技术水平、长期沉浸于实施阶段的超强管控能力；面对国内全过程工程咨询试点与推广的组织实施方式变革，从项目策划到运行维护全寿命周期的咨询需求，我们需要重新梳理和更新自身的能力，明晰自己的优势和短板，从而在更广泛的领域和更广阔的视角，逐步正确做好全过程工程咨询。

一、全过程工程咨询的背景

简政放权形势下，政府对市场的干预度在降低，市场的开放程度在提高，业主日益重视服务提供商的综合咨询服务能力，实现项目管理的集成、高效和经济。全球化和"一带一路"，给我国工程咨询服务提供商在更大范围和更高层次参与国际竞争提供了机遇和需求，激烈的国际市场竞争必然冲击着传统的、效率低下的竞争手段，而伴随着国内建设项目组织实施方式的变革，全过程工程咨询正在形成新的实践，重新建立新的规则和价值链条，并给建设领域带来新的秩序和新的思想，刷新着工程咨询企业的竞争优势。

近年来，大市场大项目、新模式新技术，产生了许多新的需求。咨询服务质量的高水平体现，全过程咨询的高标准要求，都需要新的思维，以卓识的远见深化能力建设。提供全过程工程咨

任务的总监理工程师，迫切需要从全寿命的流程和整合的角度，对全过程工程咨询在项目运行中的定位、认识和理解进行更新和转变，逐步培育竞争的新优势，开启传统咨询向现代咨询转型的新纪元。

二、咨询服务能力的解析

（一）咨询服务能力的理解

一个人能否将没有做过的事情做好，取决于他的能力。而项目的特性就是独特性，对项目的咨询管理就是如何做好未知的、一次性的、没有做过的事，也就是"做正确的事，正确地做事，获取正确的结果"。

我们知道，从认识到思维，必须符合逻辑，必须遵循一定的规律。这对于我们正确地认知事物极其重要。我们常常说某人有没有能力，往往也就是说，这个人能不能胜任某个岗位、能不能圆满完成某项任务，胜任岗位和完成任务需要相匹配的知识、技能、经验以及个人素养。由此可见，能力就是一个人的知识体系、实践经验、执业技能以及个体素质的集合。

承担工程咨询任务的总监理工程师，是具体项目咨询团队的领导者，是为项目的成功策划、顺利执行和获取满意成果的负责人，其本身具有的咨询服务能力就是敢于，也善于把"一次性、没有做过的事"做好，实现项目的创新和增值的能力。

（二）总监理工程师能力解析

总监理工程师的能力不是杂乱无章的，也不是林林总总的，更不是漫无边际和包罗万象的；应该有一个体系架构，是一个科学体系。如果说，在施工阶段的监理工作中，总监理工程师"三控两管一协调"的能力足以应付现场的管理，但在全过程工程咨询的流程中，总监理工程师的工作面临着深刻的挑战，在施工阶段积累的经验和技能显然不能应付项目全寿命周期的能力需求，无法得心应手地解决问题，迫切需要对自身能力进行更新和延展，以适应未来的挑战。

三、总监理工程师的新能力

总监理工程师传统的技术能力偏重于施工现场的建造技术，几乎所有的总监理工程师都是工程相关专业毕业的，而对于超出工程技术方面的能力，则是通过实践中摸索和试错中总结和积累的。如此看来，在面对专业领域宽、业务范围广、整合能力强的全过程工程咨询业务，总监理工程师必须更新和延展自己的能力。

（一）整合能力

整合就是把一些零散的东西通过某种方式彼此衔接，从而实现资源共享和协同工作，其主要的精髓在于将零散的要素组合在一起，并最终形成有价值、有效率的一个整体，也就是我们平常所说的"1+1＞2"。

分段管理是中国建筑领域的一种管理思想，从项目策划、勘察设计、施工、运维，每一段都有每一段的标准和规范。工程监理位于施工阶段，是业主在实施阶段的咨询管理服务提供者，做好施工阶段的咨询管理就完成了合同目标。但在全过程工程咨询中，跨越不同的阶段，有了更多的主体和利益干系人，整合的能力就显得十分关键。可以这么说，是否有能力并善于实施资源整合，是判断总监理工程师能否胜任全过程咨询任务、建立自己竞争优势的重要评判标准。总监理工程师的整合能力，要求能够从项目的整体目标去洞察和预测内外部资源、新旧资源、个体与组织资源、横向与纵向资源，进行识别与选择、汲取与配置、激活与融合，有效地达成目标，从而建立自身的竞争优势。

（二）管理能力

项目管理的技术，不只是工程建造所涉及的专业领域和自然科学方面的技术，更是指项目管理科学自身的技术，一种跨学科的综合性管理技术。

如果说施工阶段监理还仅仅是业主方的项目管理，那么在全过程工程咨询的流程中，从施工阶段监理向上下游蔓延，在前期策划咨询、商业论证、设计、施工、竣工验收、运营维护等各阶段中，监理可能受雇于不同的主体，可能是购买服务的政府、可能是保险公司甚至可能是其他与项目具有利害关系的任何主体。这就要求总监理工程师必须从全过程的角度运用相关的知识、方法、工具和技能，从事项目全流程的管理，以便更好地适应市场发展的需求。

（三）体现能力

在全过程工程咨询中，体现能力是指总监理工程师对不同的项目，展现出其能力的方方面面。能力的体现是外衣，其表现可能是各具特色、多种多样，是最外在的表现形式，是细腻的表现，也是成功总监理工程师的风采和个性。

体现能力要求总监理工程师将自己的综合技能和领导素质通过具体的事件表象化，可感知、可视化，或者说，总监理工程师能够讲述好故事、唱出好声音、扮演好在全过程咨询中的角色，将自己的知识、技能、作用、价值全面准确地通过不同的方式呈献给相关方。比如会议发言、在权威媒体发表观点、出版论文和专著，等等，树立自己的品牌，提升自己的专业影响，获得认可、赢得尊重。

（四）推动能力

在物理学中，液体中不同浓度的组分，会从浓度的高处向浓度的低处传递，不同温度的两个物体接触，温度也会从高温的物体向低温的物体传导，不同压力的物体之间能量会从压力高处向低处传递，浓度差、温度差和压力差，就是传递的推动力，推动力越大，传递的速度就越快。

推动力运用到管理学中，就是能使事物前进，或者是能使工作展开的力量，是指对新的政策、新的模式、新的制度、新的流程等推动和运作的能力。推动力和动力的意思相近，但动力是发自人的内心，而推动力多指来自外部。总监理工程师推动的能力指的是理解组织规划和目标，承上启下、组织实施，将方案和目标逐步转化为成果的推动运作的能力。

广义上，总监理工程师的推动能力也是传统能力模型中的领导力和执行力，只不过是领导力和执行力合二为一地融合到了项目的领导者身上。推动力的培养，特别需要总监理工程师加强多向的沟通和交流，改善与团队成员的交流方式、训练程度和启发水平，以及在这方面的辅导，对上情和下情进行连接，在"有所为"时勤奋敬业，"有所不为"时要约束克制，在工作的开拓创新上培训和指导团队成员，把权力和责任同时交给下属。

（五）环境能力

项目处在环境当中，项目以及项目咨询管理的成败与项目的环境息息相关。环境有自然环境和社会环境，国际教育界提出的新颖而又科学的定义是，人之外的一切就是环境，每个人都是其他人环境的组成部分。由此可以引申，围绕项目的生存空间里的自然和社会各种因素就是项目的环境，而正确处理项目咨询管理与项目环境的关系，正是总监理工程师的环境能力，这种能力贯穿于全过程的咨询服务当中。

在《社会契约论》中，卢梭写到"人生而自由，但人又无往不在枷锁之中"，这种自由与约束的辩证思想，无论在理论上还是实践上对西方社会都产生过巨大的影响。同样，既然项目处在环境的包围当中，当然对项目的咨询与管理，必须服从和服务于项目的环境，遵守项目环境的约束，在决策时不能恣意妄为，必须根据项目的环境做出科学合理、易于实践的解决方案。

四、能力的新视野

总监理工程师，是一个职业，胜任职业需要

能力，这种能力既有先天的基础，也有后天的培养和修炼，是一个动态的、连续积累和进化的过程。总监理工程师的能力，既是成功实现项目咨询管理目标的基础和关键，也是总监理工程师个人实现职业生涯目标和成功、快乐驾驭生活的重要保证。

住建部在《关于促进工程监理行业转型升级创新发展的意见》中提出，鼓励监理企业在立足施工阶段监理的基础上，向"上下游"拓展服务领域，提供项目咨询、招标代理、造价咨询、项目管理、现场监督等多元化的"菜单式"咨询服务。与时俱进，不同的项目组织实施方式，需要不同的能力，尤其是跨界的能力。在如今知识急速扩张和更新的互联网时代，光学习知识是赶不上知识发展的，因此，对每个人来说，最重要的是培养能力。

在能力的培养修炼过程中，一般地先掌握核心能力，再掌握外层次的能力，这也是迭代演进的过程；但也不是说必须要打下十全十美的基础，再去实践外层次的能力，可能我们先有一定的核心能力，再掌握一些外层次的能力时，会发现核心能力有所欠缺，然后再带着问题来补基础能力，如此反复，螺旋式上升，直到止于至善。总监理工程师在施工监理阶段积累的能力可以说是核心能力，这种现场管理能力也是建筑师主导项目推进模式下令人羡慕的技能；在此基础上，整合能力、管理能力、推动能力、体现能力、环境能力在实践中不断提升，监理一定能在全过程工程咨询的探索与实践中成为价值的航标。

五、结语

感觉到的东西，不一定能立刻理解，只有理解的东西，才能更深刻地感知。为了实现这种深刻，需要总监理工程师不断地学习和实践，格物致知，在全过程工程咨询的市场浪潮中，去粗取精、去伪存真、加工改造、总结升华、获取真知，成为受欢迎的人，成为受尊重的人，在人才辈出的全过程工程咨询的探索和实践中展现出更大价值。

五个"学会"
——对如何当好总监理工程师的一点思考

陈正华

武汉华胜工程建设科技有限公司

《建设工程监理规范》规定，总监理工程师由工程监理单位法定代表人书面任命，负责履行建设工程监理合同，主持项目监理机构工作。因此，总监工作的好坏直接决定这个工程项目监理工作的成败。由于目前建筑市场的不规范，各种潜规则充斥市场，另一方面监理责任界定不清，权利失衡，监理人员整体水平不高，优秀监理人员缺乏，加之监理安全责任的无限扩大，特别是清华附中坍塌事故判决结果的落槌更是让全国无数总监的心都为之一震。总监难当，不愿当；"总监工作不好干，无法干"的论调在行业内屡见不鲜。

应该承认，现实环境造成总监工作难是个不争的事实。换个思路想问题，难道总监工作就一定做不好吗？答案是否定的。笔者从事多年的项目总监工作，从实践中体会到如果能掌握好五个"学会"，就能从另一个方面对总监工作起到很好的推动作用。

一、学会用"责任心""表率力"来引领工作，带领团队

作为总监，无疑是这个项目监理机构中专业素养、学识、业务能力最强的人，但如果总监把这个用来树立自己的"权威"，把个人能力放在首位来带领项目团队完成监理工作任务，其结果必然是不理想的。总监一定要明白，在一个项目监理机构团队中，个人的"责任心""表率力"远比能力更重要。总监要学会用"责任心""表率力"来引领工作，带领团队。监理工作包括"三控两管一协调"和履行安全生产管理的监理职责等工作内容，完成这些工作内容显然离不开我们的学识和业务能力，但如果总监没有基本的责任心，工作毫无前瞻性，工作事前不布置，或布置了不检查落实，发现了质量和安全问题没有及时实现整改，能有好的工作效果吗？显然业主是不太满意的。况且我们有些监理工作，譬如旁站监理，可以说主要是责任心而不是有多高的知识水准。当然，旁站是监理员的职责，但身为总监，你需要用"责任心"来引领和指导、教育监理员做好旁站工作。

"表率力"就是以身作则，率先垂范，形成带动力。任何团队或集体的负责人若能发挥好这个我党的优良传统，就能将集体的凝聚力高度发挥，就能将团队中每个人的积极性充分地调动起来。巡视、旁站、平行检验及见证取样等虽说是专业监理工程师、监理员的职责，但如果总监能经常巡视现场，到现场走一走，干一干，用身影代替声音，这个项目团队的向心力、凝聚力、战斗力不就自然而然地出来了吗？

二、学会了解工作对象的素质、作风、情感

总监的日常工作对象主要是业主代表、施工单位管理人员、项目部监理人员这三类人群。既然是工作对象，总监就必须要全面了解，只有了解了工作对象的素质、作风和情感，工作起来才有方向和目标，否则事倍功半。

监理受业主委托开展项目监理工作，服务业主是我们监理从业人员的基本责任和义务，熟悉了

解业主的相关情况是我们监理尽好责任和义务的前提。业主的工作是通过现场业主代表来体现的，业主代表个人的素质、作风、情感对我们开展监理工作产生直接影响。总监几乎每天都要与业主代表打交道，不了解业主代表个人的素质、作风，不分析业主代表个人的情感，不研究业主近期的想法和思路，监理工作就会陷入茫然和被动。业主想东，你在说西；只埋头拉车，不抬头看路，监理工作怎么会让业主满意？服务业主就会成为一句空话。通过了解业主代表的个人情况，监理还可以做到抵制个别不良业主代表的不当行为，维护好甲乙双方正当的合法权益，避免工程建设误入歧途。

监理和施工单位是监理和被监理的关系，因此，施工单位上至项目经理下至"五大员"都是我们监理每天打交道的人群。业主的指示、监理的指令都要通过这类人群来落实完成。只有熟悉这些人，了解这些人的素质、作风及情感等才能真正让监理工作做到有的放矢，对症下药。

项目部监理人员是总监直接领导和管理的人员，不充分了解这些人员的个人情况，总监开展工作是很困难的。总监应通过谈心、观察、开会等方式对项目部每个监理人员做到心中有数，要找出本项目部中的优秀核心人员，发挥其表率带头作用。在项目部内部要采用以老带新，能力强的帮能力弱的等方式将每个监理人员的积极性调动起来，并将他们个人的作用发挥到极致。总监一定要明白一个道理，任何人都有闪光点，关键是你能否发现、了解并加以利用。

三、学会"借力"

我们不得不承认，在工程参建各方中，监理相对而言实际上处于弱势地位，项目监理部人员平常开展监理工作较为困难。工程中出现了质量、安全隐患要整改，工程进度上不去需要增加人力、物力，有时候就会出现监理讲了无人听、下了监理通知无人理睬的局面，如任其发展，就有可能酿成安全、质量事故及工程进度延误无法按时竣工，等

等。怎么办？作为总监要另辟蹊径，学会"借力"。"借力"就是借别人之力，帮助自己摆脱困境。

（一）向业主"借力"

业主无疑是一个项目参建各方的最高权威，特别是业主方领导更是制约施工单位走向的关键人物。在实际工作中，我们深深体会到监理发文抵不上业主发声，面对同样一个问题，监理说十句也抵不上业主说一句。因此，作为总监一定要善于借助业主的力量开展工作，这是非常有效且非常便捷的一条道路。当然，向业主"借力"，让业主发声一定要事先了解业主领导的心情，分清问题的轻重缓急，掌握时机，拿捏火候。同时，能够让业主的力为自己所用，还要求总监具备一流的沟通技巧和社交能力，要能够通过监理工作履职尽责的点点滴滴深得业主的信赖和认可，这样才能在有效的时机内合理借力。

（二）向政府相关部门"借力"

一个工程的进展，有当地政府相关部门对工程质量、安全文明施工及市场行为等进行监督检查是否合规合法。只要是参与工程建设的任何一方，大家都身扛重大的安全责任。当我们遇到施工单位在质量、安全等存在较大隐患，而又久拖不予整改时，总监还可考虑利用政府相关部门来工地监督检查工作时向他们"借力"，让政府部门发话促使问题解决。笔者曾在一个项目遇到施工单位不按专家论证的方案进行模板支撑体系搭设，久拖不决，因为按专家论证方案施工要多花几倍的费用。监理多次发出《监理通知单》，指出这是重大安全隐患必须要整改到位。但施工单位抱着侥幸"赌一把"的心态就是拖着不整改。本来按照监理程序，此问题可以由监理方写报告，报告政府安监部门了事，但当时考虑到此项目施工单位背景相当复杂，监理上报可能不但于事无补，反而更使问题复杂化。因此，笔者利用某位政府部门的一个领导来工地检查的机会，适机大胆地将此问题摆出来，结果领导相当重视，亲自督办整改，一来没有直接面对与施工单位的沟通摩擦，二来也直接促进了现场高支模重大安全隐患得以

消除，想来也是一石多鸟之效果。

（三）向公司"借力"

安全和质量，是高悬于总监心头的两项帽子，自然也是项目监理部所属公司领导和职能部门的心头大患。为做好对项目现场的随时把控和安全风险控制，项目监理部所属公司领导和职能部门经常会定期到项目部检查指导工作，这也为总监提供了另一个有效"借力"的途径。有的施工单位尤其是分包单位施工作业人员可能对项目部监理人员不理不睬，不尊重监理人员的劳动，但比较而言，他们对监理单位的领导还是比较尊重的。出现难以解决的问题，遇到难以沟通的细节和部位，项目部总监完全可以借助公司力量加以有效沟通，协商解决。

四、学会"在干中学，在学中干"

"在干中学，在学中干"是总监带领项目监理部取得胜利的法宝。目前从事工程建设，项目业主要求高，监理责任大，建筑新技术、新工艺不断涌现，政府颁布的各类法规、规范规程又不断更新，监理不可能丢下工作专门去开展脱产学习，只能是"在干中学，在学中干"。学习是如此重要而紧迫，总监一定要将项目监理部打造成一个"学习型"团队，坚持定期组织学习使其成为常态。

应该承认，目前监理人员的组成中有相当一部分是来自施工单位的转岗工人及刚步出校门的大学生。这两部分人员分别存在理论知识水平低和现场经验严重不足的问题。我们常说"看懂图纸，会用规范，熟悉程序"是一个监理人员的基本功，可环顾四周，又有多少监理人员具备了这些基本功呢？工程出了质量、安全问题，我们有的监理人员不是从自身找原因，而是不断抱怨施工单位素质太差，工作严重不配合。有个业主代表曾说过这样一句话："如果一个监理人员过多抱怨管理对象的不配合，而不是从自身管理方式上找原因的话，那么，要么该监理人员的管控能力有限，要么是他在为自己的失责找借口"。这个业主代表的话应该警醒我们所有监理人员，面对现实的难题，抱怨解决

不了任何问题，换一个角度去思考，从自身的管理方式上找突破口，以自己高超的人格魅力去打动他人，以自己专业的职业素养去感染他人，才能真正胜任现场监理工作。所以，身为总监，我感同身受学习的重要性：基础在学，关键在做，在干中学，在学中干，才是监理人员的立身之本和执业之道。

五、学会掌握"沉下去，抓落实，不出错"的本领

武汉华胜工程建设科技有限公司董事长兼武汉建设监理协会会长汪成庆先生经常诫勉公司全体员工一句话："沉下去，抓落实，不出错"。这句话的含义不仅仅是一个工作作风的问题，更是监理从业人员做好监理工作，特别是当好总监所要具备的基本本领。总监要学会这种本领，更要掌握这种本领。

"沉下去"是前提，"抓落实"是过程，"不出错"是结果。可见，保证前提、抓好过程、落实结果并非易事。现在有不少总监心态浮躁，心思不全在现场管理上，整天忙于拉关系、造气势。这样的总监固然与业主、施工单位关系融洽，但他若不把工作重点放在现场管理上，"沉下去"的前提都没有，怎么会有"抓落实"的过程和"不出错"的结果呢？

结语

我想说，做总监难，做总监也不难。如果我们每一个项目部、每一个总监都能够按照以上所说的五个方面去梳理好手头工作，细致入微地归置好项目现场的具体工作，对监理工作进行抽丝剥茧般地分析和落实，那么每一个项目的总监都是高水平的总监、每一个项目部是一个精品的项目部、每一个项目都可以成为经典的项目。监理，是一项崇高的事业；监理，是一份蓝天下光荣的职业；这一段的监理征程，也必将成为我们每个人人生旅途上值得炫耀的华章！

浅议新常态下监理如何更好地为业主服务

陈磊

甘肃华研水电咨询有限责任公司

摘　要：工程监理制的实施对不断提高建设工程质量、减少质量安全事故的发生起着积极而有效的作用，同时也是国家控制建设成本的有效手段。监理工作如何全方位为业主提供优质的服务，监理人员的资历背景、职业道德、敬业精神、理论业务水平、组织协调能力、人际关系等是完成监理服务的前提和根本。笔者结合自身的经历和工程的实践，就电力监理工作如何满足业主的要求进行简单阐述，希望对监理工程师做好本职工作有所获益。

关键词：监理工作　满足　业主要求

一、前言

当今我国在基建管理体制上所执行的是："企业管理、社会监理、政府监督"的三权制衡体制。建设监理制的实行，满足了投资者对工程技术服务的需求，实现了政府在工程建设中的职能转变，培育发展和完善了我国建筑市场。随着经济快速发展，监理行业竞争势必十分激烈，业主对监理单位人员素质的要求越来越高，形势鼓舞人，形势也逼人。监理就是对工程建设的全过程进行全面监督和管理，既对建设单位的成果性目标负责，又对监理单位的效率性目标负责，其工作能力的强弱决定着建设工程的顺利、优良与否，由此可见监理人员在工程建设中的重要性。业主处于对最终成果的关切以及监理单位对发展生存的需要，对监理人员的工作能力和素质要求越来越高且十分严格。那么监理人员应该具备怎样的工作能力才能满足业主对监理工作的要求呢？本人结合多年来的监理工作实践，浅谈一下体会。

二、监理人员应能模范带头遵守职业道德标准

监理职业道德是："诚信、守法、公正、科学、服务"地为业主服务。所谓"诚信"就是要诚实和守信誉，即通过所监理的工程的实效，取得业主和社会的认可，从而建立起企业的信誉；所谓"守法"则是任何一个社会集团乃至个人都应该必须做到的。这里所提到的企业职业道德通指：国家要求监理单位必须遵守各级政府主管部门所颁布的经济或技术方面的政策、法律、法规、规章，以及有关监理的规定等。因此，只要监理的一切行为做到"有法可依、依法监理"这就是"守法"，要牢记监理人员只有"执法权"，而无随意"立法权"，监理的一切行为要经得起检查。所谓"公正"是指：做为生产性中介机构的监理单位，要以第三方的公正立场公平地处理监理工作中所发生的各种争议问题，特别是涉及甲乙双方的利益问题，绝不能误认为受到业主的委托而无原则地偏袒甲方。所

谓"科学"就是监理人员在实施过程中，对有关的技术问题的处理，都必须以科学为依据、凭证据讲话，而绝不能凭空想象或靠所谓的经验做出决断，而应该依据检测数据和规程、规范做出有根有据的科学判断、以理服人。所谓"服务"自然是最终为业主服务。上述的职业道德标准从狭义上讲是为业主服务，从广义上讲是为党和国家的利益服务，而这正是国家实行监理制的宗旨所在。

三、监理人员要有宽泛的知识水平

监理人员的这条素质往往是业主通过实践考察所要求做到的基本水准。作为监理人员应力争达到国家和业主的要求。笔者在此所指应具有的宽泛知识水平是指：监理的行政管理知识和专业技术水平两个方面。监理单位顾名思义是一个监督管理单位，但它有别于一般所指的企业施工管理，而有它自身的规律可循。例如：监理人员应掌握的控制理论、控制方法和数理统计学等方面的知识，都不完全与一般的企业管理知识相同。所谓宽泛的知识是指：对所监理的工程中各个专业均应有不同程度的掌握或起码的知识水准。而对于自身的原有专业，则应达到专业监理工程师应有的水平。因为监理工作是一种高智能的服务，因此客观上要求一名合格的监理工程师应具有精湛的专业知识和丰富的实际工作经验。除此，对于监理人员而言还应通晓与监理有关的法律、法规和规章制度。总之，笔者以亲身的体会总结，做为监理人员应具备的基本功是："三个吃透、两个熟悉、一个实践"。即：要吃透图

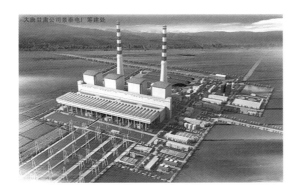

纸、吃透规范、吃透验规；熟悉相关的法规和制度（包括业主制订的规章制度）；具备一定的实际操作技能（包括对本专业所使用的各种测量仪器的精确掌握）。

四、监理人员应具有较强的组织协调能力

在业主交给监理单位的"四控、两管、一协调"任务中，组织协调工作是比较繁重的一项任务。特别是对于那些跨合同单位间或跨专业间，以及综合性的组织协调工作往往需要监理人员亲自出面，会占去日常许多的时间。因此，组织协调能力是业主洞察监理人员是否称职的一个重要方面。对组织协调工作的理解，不能简单的认为就是召集一下会议或者把双方叫来和和稀泥而已。而要真正做好组织协调工作，需要根据问题的性质，从组织协调工作应采取的形式、方法和手段等诸多方面认真进行思考后而为之。否则就会出现适得其反，发生不应有的扯皮或久拖不决的局面。依据笔者的体会，做好这项工作应注意如下几个方面：其一，从组织协调工作的形式上，应针对问题的性质，可采取个别约见、登门拜访、现场协商和召开会议坐下谈等多种形式。其二，从方法上要注意以理服人，多做政治思想工作，防止简单粗暴以势压人。其三，如果采取召开会议形式解决，要注意事前做好充分的调查研究工作，并注意处理好"民主是手段，集中是目的"的关系，从而做出正确的处理决定。总之，开好一次会议是各级领导应掌握的一门艺术，要吃准问题、抓住主题、科学决断。

五、监理人员应在"三控、两管、一协调"工作中有前瞻性

监理人员必须要养成"干一、备二、眼观三"的习惯，常言道"没有远虑、必有近忧"。监理工作说到底是监理人员依靠自己深厚的专业知识和实践经验，为业主提供高智能化的服务的一项工作。

而这种服务很重要的一点，就是体现在能否具有前瞻性上，做到把问题消灭在萌芽中，防患于未然，或者控制到各方可以接受的程度上。在此应该特别强调的是，业主在评价监理的工作成效时，往往看重的是结果，而不是过程或过多的客观理由。监理工作的前瞻性主要体现在如下几个方面：其一，在质量控制中，要注意充分做好事前阶段（即资源投入阶段）的各项控制工作，即"人、机、料、法、环"五要素的控制。在事中阶段（即施工实施阶段）要注意"留下脚印"，特别要注意那些处于萌芽状态中的质量问题，要及时发出通知单备案。其二，在进度控制中，特别要注意当一级施工网络进度计划编制采取"关死后门倒排法"时，除了应注意的工序衔接关系，网络计划的"六要素"和支持性计划的提出等技术性问题外，还应注意业主给定的里程碑前、后门时间的科学性与合理性。通常应依据国家现行的工期定额为准，而不宜盲目压缩工期，一味注重工期的先进性。在里程碑计划安排中，应注意冬雨季节施工降低工效，冬休期和麦收季节民工劳力难以保证等客观因素。而在施工的静态阶段的时间设定上，应本着适当的"前紧、后松"的思路编排为宜。其三，在造价控制和两管工作中，应注意做好前瞻性的工作，主要是指，无论采取哪种承包方式（指概、预算承包或工程量清单办法），客观上都存在一个基本预备费和动态价差预备费所给定量的合理性问题。尽管这个问题不是监理单位所能左右的，但在实际施工中又是经常出现扯皮，而需要监理做为中介人协助业主必须处理好的一个问题。为此，应充分吃透施工委托合同，从中提早发现可能产生的甲乙双方的合同争议事宜，尽量避免索赔事件的发生。

六、监理人员应是廉洁自律的楷模，群体作战的核心

廉洁自律、爱岗敬业、强烈的社会责任感和乐于奉献社会是监理职业道德的本质特征，是每位监理人员都应做到的。人们对监理行业提出的上述基本要求，笔者的理解是监理行业职业道德的"大概念"而不是"小行为"。职业道德所涵盖的内容涉及社会行为、法律意识、服务意识、科学精神、可持续发展意识、良好的人际关系和员工的能力指数等诸多方面，它是宏观的又是微观的"大概念"，而不是仅限于"吃、拿、卡、要"的小行为。因此，监理人员的职业道德的好坏将直接影响到业主的根本利益和企业自身的发展。除此，监理人员能否发挥群体的力量，取长补短，形成一个团结一致的战斗群体，也是业主经常会洞察的一个问题，是对监理人员具有的基本素质要求之一。如何形成一个团结有力的作战群体是十分值得探讨的一个问题。笔者认为，要注意针对每位员工的背景，发挥和调动其长，而避其短。除此，作为监理项目部人员还应特别注意关心员工的切身利益和生活的各个方面，这是能否形成群体作战能力的要素之一。

七、监理人员要善于及时总结工作，适时向业主做出必要的报告

在实行"大监理、小业主"监理模式的情况下，通常监理单位肯定是处于一线位置，而业主必定是在二线。因此，注意及时做好阶段性的总结工作，适时向业主做出书面报告是非常值得提醒监理人员注意的一件事情。如今施工单位经常会戏称监理单位是"二老板"，如从正确的方面去理解，既然业主已充分授权于监理，那么监理人员，理应本着小事不干扰、大事必事前请示，大胆放手地主动开展工作，以优异的成绩和敬业的贡献让业主放心，让施工单位诚悦心服地尊重监

理，这也是业主十分关切的事情。对此，作为监理人员要牢记监理的"指挥、协调、监督、服务"基本职能，统筹全面，做好各项监理工作。这里所讲的"指挥"职能是战略性的指挥工作，而非细微的战术性指挥。"协调"职能主要是指跨合同单位间的协调，而原则上不包括社会性的外部性质工作。"监督"职能当属监理本身必须完成的职责，特别是质量和安全方面的监督工作。而"服务"职能，是监理人员必须正确理解并应切实做到的事情。监理"服务"职能不能只理解为只为业主服务，做好"四控、两管、一协调"工作，既是服务于业主，更是服务于施工，正确处理好监理与施工单位的"监理与服务"关系是十分重要的。特别是施工单位关心的应由业主予以解决的物资和资金供应工作，监理人员应经常深入现场，及时掌握信息反馈给业主相关部门，这也是应尽的职责。能否做好上述"四句话、八个字"，尽职尽责，应该说是业主对监理最起码的要求。

八、做好监理事后阶段的控制工作

监理事后阶段的控制工作，主要包括做好机组投产移交的质量评估和投产移交后的竣工资料审查、竣工图编制，以及启委会允诺遗留的缺陷和尾工闭环控制工作。作为监理人员对事后阶段的监理工作应注意做到有预见性，必须提前通告各施工单位。例如：对于竣工资料的移交范围、内容、归档编码等的具体要求和办法，均应和业主提前沟通好，从而提前告知于施工单位，防止事过境迁，后补资料难等问题的发生。

九、结束语

监理人员具备上述的条件固然能满足业主的要求，但还要不断勤奋学习、勇于开拓进取，不断沉淀经验，不断用新思维、新理论充实武装自己，爱岗敬业、乐于奉献、严格要求自己，就会使自己在监理事业上取得一方成果，圆满完成工程建设监理任务。

参考文献：

[1] 建设工程监理规范 GB 50319—2000

[2] 电力工程建设监理规范 DL/T 5434—2009

[3] 中国建设监理协会.全国监理工程师培训考试教材.中国建筑工业出版社.

[4] 甘肃华研水电咨询有限公司2011年技术论文汇编

抓常、抓细、抓长
——促进质量管理水平提升

中国水利水电建设工程咨询西北有限公司

非"常"不足以治本，非"细"不足以固本，非"长"不足以坚实。质量管理水平提升，不可能"毕其功于一役"，更需"锲而不舍""常抓不懈"，方能"革弊祛病""强肌健体"。落实"抓常、抓细、抓长"的要求，质量第一的意识自然就会融入人心，质量管理水平自然就会提升，质量管理成效自然就会显现。

一、持续加大检查力度，实现项目检查全覆盖

（一）质量监督

公司高度重视国家能源局／水利部组织的质量监督活动，技术质量部年初对需要质量监督的项目划分到人，每次由公司分管领导或总工带队，组织迎检。协助项目部准备汇报资料，与质量监督专家解释沟通，跟踪质量监督提出的问题的整改回复。将质量监督结果纳入对项目部的考核内容。

（二）技术督导

根据实施项目的工程特点及技术难度，年初向西北院报送计划需要技术督导项目的申请，充分利用西北院强大的科学技术支撑，由院领导带队，对工程进行总体把脉，提供超值技术服务，咨询公司根据院技术督导活动纪要的意见和建议，督促项目部研究落实。技术督导活动提高了业主及参建单位对咨询公司和西北院的品牌认知度。

（三）项目巡检

咨询公司根据多年项目巡检的经验，落实了"安全、质量和廉洁从业"一体化巡检机制。年初策划本年度需要巡检（一体化巡检或专项巡检）的项目，由技术质量部（或安全环保部）组织，公司分管项目领导或公司总工带队进行项目巡检。针对"一体化巡检"，编制了巡检清单，明确了巡检内容、方法和深度层次。每次巡检人员一般 2 ~ 3 人，用时 2 ~ 3 天，听取汇报、检查工地现场和资料、干部员工座谈、交流检查意见，最终形成巡检报告，限时督促整改。通过项目巡检，有效地减少了项目部管理过程中及工程实体的"质量通病"，提升了工作质量。

（四）重点项目公司领导现场驻点

公司结合工程的规模、工程技术难度、建设环境的复杂程度以及业主的要求对项目进行评估，决定是否列为重点项目。对重点项目公司领导将现场驻点兼任负责人，更好地调动公司资源，对工程安全、质量、进度严格管控，为工程建设顺利进行起到了很好的促进作用。

（五）新进点项目进行专门的检查指导

对新进点的项目，公司派专人对项目部管理体系建设进行系统的检查指导，一般 1 ~ 2 人，用时 10 ~ 15 天，通过讲课培训的方式，帮助项目部尽快完善体系建设，适应监理工作需要。

二、每年召开专题技术研讨会，总结积累技术管理经验

技术（含管理技术、工程经验）是公司的核心竞争力，是提升质量管理水平的有力保障。人可以流动，但一定要做好技术的沉淀；有技术的人走

了，可以用沉淀的技术继续培养人。公司非常重视技术经验的交流研讨，每年召开以项目为依托的"小型"专题技术研讨会，邀请业主、设计、施工和质量监督方面的专家就专题方面的知识进行培训，安排有代表性的项目准备专题交流材料，参会人员主要为相关项目人员及部分其他项目的技术骨干，人数一般在30人左右。有相同或相近技术背景的人员参会，可以在会上围绕专题充分讨论，就遇到的问题进行问答。会后针对研讨的内容进行闭卷考试，考试结果纳入项目考核。以项目为依托的专题技术研讨起到了以下作用：

（一）通过邀请各方面的专家授课，既能拓宽知识面，又能扩大对公司核心价值观"诚信、负责、务实、利他"的认可度。

（二）通过准备专题交流材料，能对技术经验进行全面的总结、积累和沉淀，为相关专著提供素材。今年在两河口召开的"土石坝专题技术研讨会"共搜集土石坝防渗、填筑相关专题12个，为公司《土石坝筑坝技术》专著积累了一手资料。

（三）通过研讨，可以对专题知识进行继承和传播，培养技术人才队伍。

（四）通过闭卷考试和考核，可以促使参会人员专心听讲，增强研讨培训的效果。

三、积极开展QC小组活动，解决工程实际问题

咨询公司先后注册QC小组212个，取得成果124项，其中70余项成果参加了院级发布会并

获奖，获得国家级、省部级和集团奖项63项，活动成果类型丰富多样，成果质量逐年提升，连续两年获全国优秀QC小组。

能取得以上成果，主要是领导重视、注重活动过程、注重人才培养、采取激励措施、积极推优参加上级发表评审。

（一）领导重视

2010年，咨询公司正式开始开展QC小组活动。公司开展了总经理、书记赠书活动，鼓励和要求各项目部组织全体员工积极学习QC小组活动理论知识，筑牢基础。并陆续发布了《QC小组活动管理办法》《QC小组活动辅导员制度》，使之制度化、常态化。

（二）注重活动过程管理

《QC小组辅导员制度》实施后，安排每个辅导员针对一个或几个项目的QC课题，从小组成立、课题注册开始进行辅导，小组成员在活动中遇到的问题可随时通过电话、QQ、微信、OA等进行咨询，辅导员及时针对问题进行回复。辅导员也要主动关心、检查所负责QC小组的开展情况，必要时可以到项目上亲自指导、检查。年底根据辅导的时间、次数、内容、方式等对辅导员进行考核，以实现对课题及辅导员的动态联动，做实过程管理，提高活动实效，保证成果整体质量。

（三）注重人才培养

积极采取"请进来、送出去"措施。邀请质量协会、院部专家到咨询公司机关、前方项目部开展QC小组活动知识培训讲座；先后分批选派了近30名青年骨干和活动积极分子参加外部培训、交流，提高理论水平，拓展活动视野，对促进咨询公司QC小组活动的良好发展起到了助力作用。

原先的优秀QC小组骨干，多数已经成长为项目部的领导，这些人从骨子里对QC小组活动就有一种情节，反过来又主动地支持和指导更多的年轻人参与QC小组活动，形成了QC小组活动培养人才的一种良性循环。

（四）采取激励措施

2015年，修订了《QC小组活动管理办法》，

特别是增加了一系列的激励措施。包括：QC 小组活动经费、QC 小组活动成果发布费、辅导员活动经费、发表评审费、评选若干名"QC 活动小组先进集体"、QC 活动小组优秀推动者。

2016 年，印发了《项目奖罚管理办法》，对开展 QC 小组活动并取得优秀成果的，给予项目基础业绩考核加分。

在公司开展的技术标兵的评选中，将参加 QC 小组活动并取得优秀成果设定为必要条件。

（五）积极推优参加上级发表评审

为保障公司推荐的 QC 小组成果质量，在向院推荐 QC 小组成果发表前，先集中在公司进行发表评审，对发表过程中发现的问题和评审专家提出的意见、建议，进行修改完善，再择优向院推荐。

2017 年，咨询公司将部分优秀 QC 小组成果直接推荐至省部级发表（水利行业和水利工程协会）。还向国家安监司推荐了三个安全方面的 QC 小组活动成果。

运用 QC 小组活动规则，解决工程建设及管理过程中遇到的实际问题，既提高了工程质量，促进了工程进展，又锻炼了员工队伍。QC 小组活动成果都是在解决实际问题中形成的，也得到了项目业主的高度肯定。

四、持续开展质量通病防治工作

国家《质量发展纲要（2011-2020）》中明确提出工程质量发展的具体目标为"工程的耐久性、安全性普遍增强，工程质量通病治理取得显著成效"。2014 年国家能源局要求着力解决施工质量"常见病""通病"问题；住建部开展了"工程质量治理两年行动"。咨询公司在 2014 年启动了质量通病防治工作；2015 年启动了质量通病防治条目编制工作，对质量通病防治条目编制工作进行了策划；2016 年年底，印发了公司第一批质量通病防治条目，共发布地下洞室开挖、混凝土、监理工作等 3 个板块的质量通病防治条目，共 62 条；同时又组织一些项目部进行其他板块的质量

通病防治条目的编制，2017 年年底将印发公司第二批质量通病防治条目。通过开展质量通病防治工作，编制质量通病防治清单，可以进一步提高对质量通病防治工作重要性的认识，熟悉解决问题的措施和方法，提升发现和解决质量通病的能力，以应对所面对的工程建设环境和施工单位素质参差不齐的现状。

五、认真对待顾客满意度调查

公司始终重视顾客（业主）的意见和建议，不断完善顾客满意度调查，根据调查结果，不断改进工作方式方法。顾客满意度调查从由项目部转交业主到公司直接发给业主，调查内容从 10 项增加细化到 5 类 24 项，充分征求业主的意见和建议，增加调查结果的真实性。对业主提出的意见和建议，公司组织认真研究，向项目部调查落实，及时提出改进措施，反馈给业主。最终形成《顾客满意度调查报告》，为项目考核、公司领导决策提供依据。

六、质量管理激励措施到位

每年进行技术标兵和质量管理先进个人的评选，在公司发文表彰，并进行一定的物质奖励，同时也是职务晋升、劳动关系转换和员工疗养的参考依据。很好激发了广大员工投身于质量管理的积极主动性。

公司结合实际情况，每年对技术进步成果

（包括 10 种类型）进行奖励，以积累可共享的技术进步成果，丰富公司知识库，增强公司技术实力，培养员工队伍。

七、结合实际，开展特色活动

每年的"质量月"活动中，咨询公司不等、不靠，提前策划，结合实际情况，明确活动主题，布置特色的质量月活动内容。

今年的质量月活动中，公司的活动主题为"提高工作质量，消灭质量通病"。围绕这一主题，布置了公司"质量通病防治条目"的学习、考试、检查治理以及监理日志的评比特色活动，意在提高监理人员发现质量通病、提出处理措施的能力和监理记录的质量，进一步促进工程实体质量的提升。

八、通过标准化建设，建立长效机制

咨询公司首先对员工的着装实现了标准化、统一化管理，"西北红"这一形象就飘扬在了祖国的大江南北。

2015 年 4 月，咨询公司正式发布了《视觉识别系统》，对办公区、生活区以及部分日常用品等实现了标准化，进一步提升了"西北咨询"的形象。

2016 年 4 月，公司印发了《企业标准体系与标准编制管理细则》，在统一的全面管理体系构架下整合公司的各类管理制度，逐步形成了全面、简捷实用、协调统一的公司标准化体系。质量管理方面覆盖了管理策划、实施、检查、考核、奖罚各环节以及从项目进点、实施到完工各阶段。

2017 年上半年，完成了公司的"西北咨询""西北监理"和"NWHC"商标注册。

九、获得的主要荣誉

咨询公司连续六年荣获中国工程监理行业先进工程监理企业称号；获水利行业"企业信用评价 AAA 级信用企业"。

监理的工程项目获鲁班奖、大禹奖、詹天佑奖、国家优质工程奖、中国电力优质工程奖、国际堆石坝里程碑工程奖、国际大坝里程碑工程奖等 27 项。

始终坚持"生产是最大的经营"，2016 年度公司荣登建设工程监理企业百强榜第 26 位。

十、结语

"厚积薄发"，西北咨询将继续通过"抓常、抓细、抓长"，践行"管住过程，守住标准；热情服务，奉献精品"质量管理理念，为"打造最值得信赖的工程建设管理品牌企业"愿景而不懈努力。

精准谋划　砥砺前行　低谷期实现华丽转身
——中冶南方威仕咨询公司在新形势下的创新发展纪实

谭秀青

中冶南方武汉威仕工程咨询管理有限公司

1993 年，乘着中国大力推广监理制度的东风，武汉威仕工程监理公司应运而生。在监理行业蓬勃发展的二十年里，监理体制在不断探索中逐步完善，监理市场经历了风云变幻，威仕公司也在整个行业改革发展的大潮中曲折前行。一路走来，公司曾举步维艰，濒临破产；也曾抓住机遇，高歌猛进；更多的是在发展中接受挑战，在改革中创新发展。经过二十多年的求索奋进，如今公司已阔步迈向多专业发展道路，走上稳步健康的可持续发展之路。

放眼长远，明确公司战略定位

孔子曰："吾十有五而志于学，三十而立，四十而不惑，五十而知天命，六十而耳顺，七十而从心所欲，不逾矩。"说的是人一生在每个阶段对自己有不同的要求，从而达到某种境界。作为一个有生命力的企业，它的成长同样具有阶段性，不同阶段有着不同的特征和重点。企业的发展战略规划就是根据企业所处的不同阶段，放眼未来若干年，明确方向，部署重点任务及实施方案，从而实现阶段目标。如果将威仕公司的发展历程进行分段，那么从公司成立至今大致可以分为三个阶段：

第一个阶段是公司成立至 2004 年，为公司求生存的阶段。在这十余年里，企业经历了业绩、资质、人员从无到有，效益扭亏为盈的过程。

第二个阶段是 2004 年至 2013 年，为公司的规模扩张阶段。在这一阶段，公司规模迅速扩大，业务量与日俱增，沐浴在国家钢铁大发展的春风中，公司凭借冶金领域的传统优势，在冶炼市场如鱼得水，监理事业蒸蒸日上。

第三个阶段是 2014 年以后，为公司的业务结构调整阶段。在这一阶段，钢铁行业的寒冬到来，伴随着国家宏观政策调整和市场竞争的加剧，公司遭遇发展瓶颈。为了扭转这一不利局面，公司审时度势，对经营管理体系进行了全方位改革，顺利走上多专业发展道路。

反观公司生存发展的三个阶段，能够在各个困难时期平稳过渡，与企业有着明确的战略发展思路息息相关。"十一五"期间，公司提出"抓住机遇，加速发展，创建行业一流监理企业"的发展战略，在短短的六年时间里，公司业务成倍增长，精细化管理目标落到实处，合同额首次破亿，实现了公司"二五"开门红。"十二五"期间，随着市场风向的变化，公司首次提出"拓展非钢领域，促进业务多元化"的战略思路，并在"二五"规划的指导下，对公司业务结构进行了大幅调整，逐步实现了多元化发展目标。随着市场的进一步发展与整个行业服务理念的转变，公司在"三五"规划中明确提出"深化改革，开拓创新，打造多专业领域全过程服务的综合型咨询公司"的战略目标，并一步一步朝着这个目标迈进。

低头拉车固然重要，抬头看路更决定着一个企业的眼界和格局。威仕公司始终坚持从高处着眼，制定长期战略规划，为企业的发展撑起明灯，指明方向。

迅速反应，果断实施业务转型

自成立以来，受企业资质和市场变化的影响，公司业务结构发生了多次转变。但总的来说，最重要的是由钢铁业务为主导的单一型业务结构到多专业并存的业务结构的转变。

早在"十一五"阶段，钢铁行业的发展还未呈明显滑坡之势时，公司便嗅到了一丝危机，开始提出"拓展非钢领域，促进业务多元化"的思路。2007年，相继成立项目管理公司、招标代理和造价咨询部以及武汉分公司，开始实施公司业务转型的大胆尝试。彼时，钢铁行业还未进入真正的寒冬，大量技改项目的活跃为公司冶炼监理市场带来了短暂蓬勃。与此同时，公司大力拓展能源环保、石油化工、有色冶炼、市政公用等市场，取得了阶段性成果，至2010年，在冶炼板块比例逐步减少的前提下，公司仍实现了合同额的大幅增长和超额完成。

随着钢铁行业的持续低迷，公司在冶炼市场的份额进一步萎缩，到2012年底，冶炼板块合同额仅占总额的39%，退出公司监理业务主导地位。同年，在上报给集团的"二五"规划中，公司明确提出市政交通工程、房屋建筑与机电安装工程、电力、能源与环境保护工程、专门地区工程监理的市场规划和战略步骤，为公司全面实施监理业务转型指明方向。

改革不是一蹴而就的事，而是一个长期、曲折、艰巨的过程。经过近三年的思考、研究和探索，2013年，公司痛下决心，排除万难，对经营管理体系进行了全方位的彻底改革，颠覆了公司成立以来传统的经营格局，形成冶炼事业部、房建事业部、市政交通事业部、能源环保事业部、项目管理事业部、宜昌分公司、广州分公司、宁波分公司等八大营销责任主体并立局面，实现公司经营体系改革的重大转折。

经过几年的运行，事业部、分公司的发展步入正轨，在独立经营、优胜劣汰的过程中，部分事业部、分公司脱颖而出，在各自的业务领域中取得

不俗成绩：市政交通事业部在成立后不久成功进入轨道交通监理市场，并在该领域积累了良好的口碑和业绩；能源环保事业部迅速找准定位，在LNG、煤化工、垃圾发电等领域开辟出一片天地，成为公司排头兵；宜昌分公司突破高速房建市场的局限，业务顺利转向鄂西地区市政、房建市场，在宜昌地区逐步站稳脚跟；房建事业部在中国（武汉）国际园林博览会上一展拳脚，做出品牌；公司项目管理能力也在园博园项目中得以彰显，为公司进一步拓展项目管理业务积累宝贵经验。从近几年公司目标完成情况来看，业务结构的逐步优化和公司困难期的平稳过渡，证实公司改革转型取得成功。

规范运作，完善企业管理体系

管理提升是保持企业竞争力的重要途径。经过多年的探索和实践，目前公司已形成一套成熟、完善的适合公司发展的管理体系。

2004年，公司首次通过中国检验认证集团质量认证，标志着公司标准化、规范化管理的开始。2009年，公司继续通过环境管理体系、职业健康安全体系的认证，并实行三标合一，公司标准化管理再上新台阶。在历年的管理评审和复评换证过程中，公司均以良好的运行状态一次通过，成为中国质量认证中心CQC认可的样板企业。

随着公司经营管理体系的改革，过去一系列管理制度几乎都已不适应新的经营管理体系，为了避免"两张皮"的现象，做到机构设置和规章制度相匹配，公司一方面对原有管理制度进行废除、修改、完善，另一方面集思广益，研究探讨新的管理制度。经过近三年的研究和反复修改，三十多项管理制度陆续出台，其范围涵盖综合管理、财务管理、人力资源管理、合同管理、业务建设、考核奖惩等各个方面，让员工各项日常工作有章可循。公司形成事业部管理模式后，管理幅度减小，为了保证各项目监理部处于规范、受控范围内，各事业部分公司在公司的要求和指导下，根据自身特点编制了各类管理制度，确保事业部分公司规范运行。

为了适应新的管理体系，公司绩效考核模式也随之发生了巨变。考核主体由过去的项目监理部转变为现在的八大营销责任主体，考核指标也由项目执行情况转变为各部门合同、收费、项目管理、成本控制等多项指标。公司通过与各事业部、分公司签订《经营责任书》，明确责权利；签订质量、安全生产责任书，确保各部质量、安全生产目标的完成，形成新的绩效考核体系。

在规范化管理方面，公司从未停止与时俱进、创新发展的步伐。为了推进公司业务建设和技术进步，公司成立了技术管理委员会，充分发挥专家团队在业务和技术方面的优势，在公司的发展规划、难题攻关、技术积累等方面发挥了重要作用。十年来，公司组织策划编写了冶金类、市政类、项目管理类大型工程技术资料十余册，各类专题技术论文和总结数十套，成为公司宝贵的技术资料库。

随着大数据时代的到来，监理企业信息化建设逐渐成为行业发展的趋势，公司再次成为行业先行者，率先开发出拥有自主产权的"威仕监理信息系统"，并持续进行优化升级，进一步提升公司运作的标准化、规范化。

以人为本，建立长效人才机制

人才是企业发展的原动力，也是服务型企业的核心竞争力。公司一直秉承以人为本的人才理念，将人才培养放在企业发展的重要地位。

在人才引进方面，公司通过"毕业季"校园招聘、直接与专业对口高校签订合作协议、招聘网站、猎头等多种渠道和方式引进优秀人才，并输送到重点项目进行锻炼。公司采取跟踪考察、综合评定的方式进行双向选择，达到优选人才、储备人才的目的。实行事业部管理模式后，为了避免因成本压力造成人才引进门槛降低，公司设置了"人才培养基金"，鼓励和支持各部门引进高素质人才，从源头上提高人才引进的门槛。经过连续几年的努力，公司员工"低学历"、"老龄化"的问题得到有效改进，从整体上提升了员工队伍素质。

在人才培养环节，公司不遗余力支持员工继续教育、培训取证。为了提升现场监理人员的专业技能和执业水平，公司每年精心编制培训计划，组织各类专业专题培训，覆盖面达到全公司的90%。除此之外，公司还分层分批组织管理岗员工进修武汉大学总裁班、营销班、人力资源班，参加IPMP国际项目管理中高级培训班的深造学习，大大提升了管理人员的综合素质和层次。为了激励广大员工自我学习提升，公司出台《教育培训管理办法》和《员工参加在职学历提升继续教育实施细则》，为员工搭建良好的学习提升平台。

用人则是公司人才理念的重中之重。监理公司的层次和地位决定了难以吸引到同领域最优秀的人才，因此，在现有人才结构中，如何用人便显得尤为重要。威仕公司始终坚持知人善任，扬长避短，人尽其才的原则，一方面根据人才特点匹配以不同的岗位，挖掘其潜力，发挥其特长；另一方面给予员工充分的信任，敢于放手委以重任，并愿意承担一定的试错成本，给员工足够的成长机会，从而发掘更多的优秀人才。

回顾公司近年来的人才特点，无论是在学历、专业、职称，还是在年龄结构上，都呈现着可喜的变化：公司人员专业更加多样；人员年龄趋于年轻化；人员职称和持证情况得到大大改善，许多中青年骨干被提拔到重要岗位，成为公司发展的中坚力量。这都与公司的人才战略密不可分。

放眼未来，监理行业才刚刚走过发展的初级阶段，公司要想在这个行业立足生存并长盛不衰，唯有不断改革与创新，坚持走规范化、多元化、国际化的道路，乘势而上，顺势而为，将自身打造成一流的全过程咨询服务企业，才能将监理事业引向更加繁荣的明天。

《中国建设监理与咨询》征稿启事

《中国建设监理与咨询》是中国建设监理协会与中国建筑工业出版社合作出版的连续出版物，侧重于监理与咨询的理论探讨、政策研究、技术创新、学术研究和经验推介，为广大监理企业和从业者提供信息交流的平台，宣传推广优秀企业和项目。

一、栏目设置：政策法规、行业动态、人物专访、监理论坛、项目管理与咨询、创新与研究、企业文化、人才培养。

二、投稿邮箱：zgjsjlxh@163.com，投稿时请务必注明联系电话和邮寄地址等内容。

三、投稿须知：

1. 来稿要求原创，主题明确、观点新颖、内容真实、论据可靠，图表规范，数据准确，文字简练通顺，层次清晰，标点符号规范。

2. 作者确保稿件的原创性，不一稿多投、不涉及保密、署名无争议，文责自负。本编辑部有权作内容层次、语言文字和编辑规范方面的删改。如不同意删改，请在投稿时特别说明。请作者自留底稿，恕不退稿。

3. 来稿按以下顺序表述：①题名；②作者（含合作者）姓名、单位；③摘要（300字以内）；④关键词（2~5个）；⑤正文；⑥参考文献。

4. 来稿以4000~6000字为宜，建议提供与文章内容相关的图片（JPG格式）。

5. 来稿经录用刊载后，即免费赠送作者当期《中国建设监理与咨询》一本。

本征稿启事长期有效，欢迎广大监理工作者和研究者积极投稿！

欢迎订阅《中国建设监理与咨询》

《中国建设监理与咨询》面向各级建设主管部门和监理企业的管理者和从业者，面向国内高校相关专业的专家学者和学生，以及其他关心我国监理事业改革和发展的人士。

《中国建设监理与咨询》内容主要包括监理相关法律法规及政策解读；监理企业管理发展经验介绍和人才培养等热点、难点问题研讨；各类工程项目管理经验交流；监理理论研究及前沿技术介绍等。

《中国建设监理与咨询》征订单回执（2018）

订阅人信息	单位名称					
	详细地址				邮编	
	收件人				联系电话	
出版物信息	全年（6）期	每期（35）元	全年（210）元/套（含邮寄费用）		付款方式	银行汇款

订阅信息

订阅自2018年1月至2018年12月，_____套（共计6期/年）		付款金额合计￥_____元。	

发票信息

□开具发票
发票抬头：_____　　　　　　　　　　纳税人识别号：_____
发票类型：一般增值税发票
发票寄送地址：□收刊地址　□其他地址
地址：_____　　邮编：_____　　收件人：_____　　联系电话：_____

付款方式：请汇至"中国建筑书店有限责任公司"

银行汇款 □
户　名：中国建筑书店有限责任公司
开户行：中国建设银行北京甘家口支行
账　号：1100 1085 6000 5300 6825

备注：为便于我们更好地为您服务，以上资料请您详细填写。汇款时请注明征订《中国建设监理与咨询》并请将征订单回执与汇款底单一并传真或发邮件至中国建设监理协会信息部，传真010-68346832，邮箱zgjsjlxh@163.com。

联系人：中国建设监理协会　孙璐、刘基建，电话：010-68346832、88385640
　　　　中国建筑工业出版社　焦阳，电话：010-58337250
　　　　中国建筑书店　电话：010-88375860（发票咨询）

《中国建设监理与咨询》协办单位

 北京市建设监理协会 会长：李伟	 中国铁道工程建设协会 副秘书长兼监理委员会主任：麻京生	 京兴国际工程管理有限公司 执行董事兼总经理：陈志平	 北京兴电国际工程管理有限公司 董事长兼总经理：张铁明
 北京五环国际工程管理有限公司 总经理：李兵	 中国水利水电建设工程咨询北京有限公司 总经理：孙晓博	 鑫诚建设监理咨询有限公司 董事长：严弟勇　总经理：张国明	 北京希达建设监理有限责任公司 总经理：黄强
 中船重工海鑫工程管理（北京）有限公司 总经理：栾继强	 中咨工程建设监理公司 总经理：杨恒泰	 北京赛瑞斯国际工程咨询有限公司 总经理：曹雪松	 天津市建设监理协会 理事长：郑立鑫
 河北省建筑市场发展研究会 会长：蒋满科	 山西省建设监理协会 会长：唐桂莲	 山西省煤炭建设监理有限公司 总经理：苏锁成	 山西省建设监理有限公司 董事长：田哲远
 山西煤炭建设监理咨询公司 执行董事兼总经理：陈怀耀	 山西和祥建通工程项目管理有限公司 执行董事：王贵展　副总经理：段剑飞	 太原理工大成工程有限公司 董事长：周晋华	 山西震益工程建设监理有限公司 董事长：黄官狮
 山西神剑建设监理有限公司 董事长：林群	 山西共达建设工程项目管理有限公司 总经理：王京民	 晋中市正元建设监理有限公司 执行董事兼总经理：李志涌	 运城市金苑工程监理有限公司 董事长：卢尚武
 内蒙古科大工程项目管理有限责任公司 董事长兼总经理：乔开元	 吉林梦溪工程管理有限公司 总经理：张惠兵	 沈阳市工程监理咨询有限公司 董事长：王光友	 大连大保建设管理有限公司 董事长：张建东　总经理：柯洪清
 上海市建设工程咨询行业协会 会长：夏冰	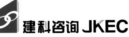 上海建科工程咨询有限公司 总经理：张强	 上海振华工程咨询有限公司 总经理：徐跃东	 山东天昊工程项目管理有限公司 总经理：韩华
 青岛信达工程管理有限公司 董事长：陈辉刚　总经理：薛金涛	 山东胜利建设监理股份有限公司 董事长兼总经理：艾万发	 江苏誉达工程项目管理有限公司 董事长：李泉	 连云港市建设监理有限公司 董事长兼总经理：谢永庆
 江苏赛华建设监理有限公司 董事长：王成武	 江苏建科建设监理有限公司 董事长：陈贵　总经理：吕所章	 江苏中源工程管理股份有限公司 总裁：丁先喜	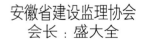 安徽省建设监理协会 会长：盛大全
 合肥工大建设监理有限责任公司 总经理：王章虎	 浙江江南工程管理股份有限公司 董事长兼总经理：李建军	 浙江华东工程咨询有限公司 执行董事：叶锦锋　总经理：吕勇	 浙江嘉宇工程管理有限公司 董事长：张建　总经理：卢甬
 浙江五洲工程项目管理有限公司 董事长：蒋廷令	 浙江求是工程咨询监理有限公司 董事长：晏海军	 江西同济建设项目管理股份有限公司 法人代表：蔡毅　经理：何祥国	 福州市建设监理协会 理事长：饶舜

《中国建设监理与咨询》协办单位

厦门海投建设监理咨询有限公司 法定代表人：蔡元发　总经理：白皓	驿涛项目管理有限公司 董事长：叶华阳	河南省建设监理协会 会长：陈海勤	中兴监理 郑州中兴工程监理有限公司 执行董事兼总经理：李振文
河南建达工程建设监理公司 总经理：蒋晓东	河南清鸿建设咨询有限公司 董事长：贾铁军	河南建基工程管理有限公司 总经理：黄春晓	中汽智达（洛阳）建设监理有限公司 董事长兼总经理：刘耀民
河南省光大建设管理有限公司 董事长：郭芳州	中元方工程咨询有限公司 董事长：张存钦	河南方大建设工程管理股份有限公司 董事长：李宗峰	武汉华胜工程建设科技有限公司 董事长：汪成庆
湖南省建设监理协会 常务副会长兼秘书长：屠名瑚	长沙华星建设监理有限公司 总经理：胡志荣	湖南长顺项目管理有限公司 董事长：潘祥明　总经理：黄劲松	广州市建设监理行业协会 会长：肖学红
广东工程建设监理有限公司 总经理：毕德峰	广州广骏工程监理有限公司 总经理：施永强	广东穗芳工程管理科技有限公司 董事长兼总经理：韩红英	广东省建筑工程监理有限公司 董事长兼总经理：黄伟中
重庆赛迪工程咨询有限公司 董事长兼总经理：冉鹏	重庆联盛建设项目管理有限公司 总经理：雷开贵	重庆华兴工程咨询有限公司 董事长：胡明健	重庆正信建设监理有限公司 董事长：程辉汉
重庆林鸥监理咨询有限公司 总经理：肖波	林同棪（重庆）国际工程技术有限公司 总经理：汪洋	四川二滩国际工程咨询有限责任公司 董事长：郑家祥	中国华西工程设计建设有限公司 董事长：周华
云南省建设监理协会 会长：杨丽	云南新迪建设咨询监理有限公司 董事长兼总经理：杨丽	云南国开建设监理咨询有限公司 执行董事兼总经理：张葆华	贵州省建设监理协会 会长：杨国华
贵州建工监理咨询有限公司 总经理：张勤	西安高新建设监理有限责任公司 董事长兼总经理：范中东	西安铁一院工程咨询监理有限责任公司 总经理：杨南辉	西安普迈项目管理有限公司 董事长：王斌
西安四方建设监理有限责任公司 董事长：史勇忠	华春建设工程项目管理有限责任公司 董事长：王勇	陕西华茂建设监理咨询有限公司 总经理：阎平	永明项目管理有限公司 董事长：张平
陕西中建西北工程监理有限责任公司 总经理：张宏利	甘肃省建设监理公司 董事长：魏和中	新疆昆仑工程监理有限责任公司 总经理：曹志勇	

北京市建设监理协会

北京市建设监理协会成立于1996年，是经北京市民政局核准注册登记的非营利社会法人单位，由北京市住房和城乡建设委员会为业务领导，并由北京市社团办监督管理，现有会员230家。

协会的宗旨是：坚持党的领导和社会主义制度，发展社会主义市场经济，推动建设监理事业的发展，提高工程建设水平，沟通政府与会员单位之间的联系，反映监理企业的诉求，为政府部门决策提供咨询，为首都工程建设服务。

协会的基本任务是：研究、探讨建设监理行业在经济建设中的地位、作用以及发展的方针政策；协助政府主管部门大力推动监理工作的制度化、规范化和标准化，引导会员遵守国法行规；组织交流推广建设监理的先进经验，举办有关的技术培训和加强国内外同行业间的技术交流；维护会员的合法权益，并提供有力的法律支援，走民主自律、自我发展、自成实体的道路。

北京市建设监理协会下设办公室、信息部、培训部等部门，"北京市西城区建设监理培训学校"由培训部筹办，拥有社会办学资格，北京市建设监理协会创新研究院是大型监理企业自愿组成的研发机构。

北京市建设监理协会开展的主要工作包括：

1. 协助政府起草文件、调查研究，做好管理工作；

2. 参加国家、行业、地方标准修订工作；

3. 参与有关建设工程监理立法研究等内容的课题；

4. 反映企业诉求，维护企业合法权利；

5. 开展多种形式的调研活动；

6. 组织召开常务理事、理事、会员工作会议，研究决定行业内重大事项；

7. 开展"诚信监理企业评定"及"北京市监理行业先进"的评比工作；

8. 开展行业内各类人才培训工作；

9. 开展各项公益活动；

10. 开展党支部及工会的各项活动。

北京市建设监理协会在各级领导及广大会员单位支持下，做了大量工作，取得了较好成绩。

2015年12月协会被北京市民政局评为"中国社会组织评估等级5A"，2016年6月协会被中共北京市委社工委评为"北京市社会领域优秀党建活动品牌"，2016年12月协会被北京信用协会授予"2016年北京市行业协会商会信用体系建设项目"等荣誉称号。

协会将以良好的精神面貌，踏实的工作作风，戒骄戒躁，继续发挥桥梁纽带作用，带领广大会员单位团结进取，勇于创新，为首都建设事业不断作出新贡献。

地　址：北京市西城区长椿街西里七号院东楼二层
邮　编：100053
电　话：（010）83121086　83124323
邮　箱：bcpma@126.com
网　址：www.bcpma.org.cn

2017年3月召开"2017年建设工程监理工作会"

2017年4月召开"北京市建设监理协会召开换届选举大会"

2017年5月举办"大型公益讲座"

2017年3月协会培训学校举办"专业监理工程师培训"

2016年11月到贫困山区小学举行"捐资助学"活动

安徽省建设监理协会四届四次理事会暨四届三次常务理事会

安徽省建设监理协会理论研究与技术创新专业委员会一届一次会议

安徽省建设监理协会项目管理专业委员会一届一次会议

安徽省建设监理协会四届五次理事会暨四届四次常务理事会

安徽省建设监理协会

安徽省建设监理协会成立于1996年9月，在中国建设监理协会、安徽省住建厅、省民管局、省民间组织联合会的关怀与支持下，通过全体会员单位的共同努力，围绕"维权、服务、协调、自律"四大职能，积极主动开展活动，取得了一定成效。现有会员单位289家，理事100人，会长（法定代表人）为陈磊。

二十多年来协会坚持民主办会，做好双向服务，发挥助手、桥梁纽带作用，主动承担和完成政府主管部门和上级协会交办的工作。深入地市和企业调研，及时传达贯彻国家有关法律、法规、规范、标准等，并将存在的问题及时向行政主管部门反映，帮助处理行业内各会员单位遇到的困难和问题，竭诚为会员服务，积极为会员单位维权。

通过协会工作人员共同努力，各项工作一步一个台阶，不断完善各项管理制度，在规范管理上下功夫。积极做好协调，狠抓行业诚信自律。开展各项活动，同省外兄弟协会、企业沟通交流，充分运用协调手段，提升行业整体素质。

在经济新常态及行业深化改革的大背景下，安徽省建设监理协会按照建筑业转型升级的总体部署，进一步深化改革，促进企业转型，加快企业发展，为推进安徽省有条件的监理企业向全过程工程咨询转型提供有力的支持。

协会2015年1月荣获安徽省第四届省属"百优社会组织"称号、2016年1月被安徽省民政厅评为4A级中国社会组织。

新时期、新形势，监理行业面临着不断变化的新情况、新难题。因此不断改革创新、转变工作思路已经成为一种新常态，这既是对监理行业的挑战，同时也给监理企业的发展提供了新契机。协会将充分发挥企业与政府间的桥梁纽带作用，不断增强行业凝聚力和战斗力，加强协会自身建设，提高协会工作水平，为监理行业的发展作出新的贡献。

地　址：安徽省合肥市包河区紫云路996号省城乡规划建设大厦408室
邮　编：230091
电　话：0551-62876469、62876429
网　址：www.ahaec.org

公众号：

西安四方建设监理有限责任公司

　　西安四方建设监理有限责任公司成立于1996年，是中国启源工程设计研究院有限公司（原机械工业部第七设计研究院）的控股公司，隶属于中国节能环保集团公司。公司是全国较早开展工程监理技术服务的企业，是业内较早通过质量管理体系、环境管理体系、职业健康安全管理体系认证的企业，拥有强大的技术团队支持、先进管理与服务理念。

　　公司具有房屋建筑工程监理甲级、市政公用工程监理甲级、电力工程监理甲级资质，机电安装、化工石油、人防工程监理乙级资质，工程造价甲级资质、工程咨询甲级资质、招标代理乙级资质、援外资质，可为建设方提供房屋建筑工程、市政工程、环保工程、电力工程监理，技术服务、技术咨询、工程造价咨询，工程项目管理与咨询服务。

　　公司目前拥有各类工程技术管理人员400余名，其中具有国家各类注册工程师150余人，具有中高级专业技术职称的人员占60%以上，专业配置齐全，能够满足工程项目全方位管理的需要，具有大型工程项目监理、项目管理、工程咨询等技术服务能力。

　　公司始终遵循"以人为本、诚信服务、客户满意"的服务宗旨，以"独立、公正、诚信、科学"为监理工作原则，真诚地为业主提供优质服务，为业主创造价值。先后监理及管理工程1000余项，涉及住宅、学校、医院、工厂、体育中心、高速公路房建、市政集中供热中心、热网、路桥工程、园林绿化、节能环保项目等多个领域。在20多年的工程管理实践中，公司在工程质量、进度、投资控制和安全管理方面积累了丰富的经验，所监理和管理项目连续多年荣获"鲁班奖""国家优质工程奖""中国钢结构金奖""陕西省市政金奖示范工程""陕西省建筑结构示范工程""长安杯""雁塔杯"等100余项奖励，在业内拥有良好口碑。公司技术力量雄厚，管理规范严格，服务优质热情，赢得了客户、行业、社会的认可和尊重，数十年连续获得"中国机械工业先进工程监理企业""陕西省先进工程监理企业""西安市先进工程监理企业"荣誉称号。

　　公司依托中国节能环保集团公司、中国启源工程设计研究院有限公司的整体优势，为客户创造价值，做客户信赖的伙伴，以一流的技术、一流的管理和良好的信誉，竭诚为国内外客户提供专业、先进、满意的工程技术服务。

　地　址：陕西省西安市经开区凤城十二路108号
　邮　编：710018
　电　话：029-62393839　029-62393830
　网　址：www.xasfjl.com
　邮　箱：sfjl@cnme.com.cn

巴基斯坦议会大厦太阳能项目

西安服务外包产业园创新孵化中心项目（获中国建筑工程鲁班奖）

西安渭北现代工业新城秦王二桥项目

中国新时代国际工程公司总部研发大楼（获国家优质工程奖）

西安华侨城天鹅堡（获陕西省建设工程长安杯奖）

延安小砭沟隧道项目

山东临沂生活垃圾污泥焚烧发电项目

西安浐灞湿地公园科普馆项目

非盟会议中心－中国建设工程鲁班奖（境外工程）

斯里兰卡国家医院门诊楼

越南越中友谊宫（习近平主席亲自出席移交仪式）

加蓬体育场－中国建设工程鲁班奖（境外工程）

斯里兰卡国家大剧院－中国建设工程鲁班奖（境外工程）

沈阳万科魅力之城工程－中国土木工程詹天佑奖优秀住宅小区金奖

沈阳皇城恒隆广场工程—中国建设工程鲁班奖

中国医科大学附属第一医院（国家优质工程优质奖）　　沈阳地铁 2 号线北延线

沈阳市工程监理咨询有限公司
SHENYANG ENGINEERING SUPERVISION&CONSULTATION CO.,LTD.

　　沈阳市工程监理咨询有限公司（沈阳监理）成立于 1993 年 1 月 1 日，公司具有住建部批准的工程监理综合资质，同时具有商务部批准的对外援助成套项目管理企业资格和对外援助项目咨询服务（检查验收）资格，是中国建设监理协会会员单位，已通过 ISO9001 质量、环境及职业健康安全管理体系三整合体系认证，持有国家工商总局核准注册的品牌商标。公司以房屋建筑、市政公用、公路、通信、轨道交通、电力等行业监理、管理、咨询服务为主，逐步拓展监理综合资质范围内的新领域，夯实援外成套项目管理，发展国际工程承包工程监理和咨询服务业务。旗下拥有"沈阳监理""沈阳管理""沈阳咨询"三大核心品牌。公司是连续十年被评为省市先进监理企业，是多年的辽沈"守合同重信用"企业。

　　"沈阳监理、沈阳管理、沈阳咨询"三大品牌齐头并进，沈阳监理在辽沈医疗项目建设咨询领域以优质的服务和成熟技术咨询产品，先后承担了医大一院、陆军总院和市级三甲医院共 20 余项工程，获得了业界的好评。沈阳管理投入市场硕果累累，沈阳新市府、汉堡王北方区、辽宁省工商银行等项目，在沈阳管理的精心监督管理下，获得了业主的赞赏和认可。沈阳咨询实施项目过程中和交付前的第三方评估、政府咨询顾问、全过程项目管理业务全面展开，先后与华润、华夏幸福基业、中国奥园地产等品牌地产商合作，成为第三方咨询服务供应商。自 2016 年成为商务部咨询服务供应商，援外成套项目和援外技术合作项目检查验收 40 多项遍布 30 余个国家。品牌美誉度和影响力逐年提升。

　　对外援助及国际工程承包项目监理和管理遍布亚洲、非洲等五大洲。承担的非盟会议中心、加蓬体育场、斯里兰卡国家医院、科特迪瓦体育场、安提瓜和巴布达 V.C 伯德国际机场、莫桑比克贝拉 N6 公路等援外成套项目和国际工程承包项目的监理和管理已有 70 多项，遍布 40 余国家。

　　近年来，公司承担监理和实施项目管理的国内外工程项目所获奖项涵盖面广，囊括了住建部的所有奖项和市政部门的最高奖项，共荣获国家级奖项九项，省市奖项近百项，多次的省检、国检获得建设管理部门的表彰。

　　志在顶峰，我们砥砺前行，为满足项目发展对咨询、管理、监理技术服务产品不断增长的需要，我们会持续提高完善我们的技术服务产品，早日实现项目发展全过程、全产业链、全生命周期咨询服务顾问事业愿景。

马普托国际机场

地　　址：沈阳市浑南新区天赐街 7 号曙光大厦 C 座 9F
电　　话：024-22947929　024-22947927
传　　真：024-23769541
网　　址：http://www.syjlzx.com

浙江华东工程咨询有限公司
ZHEJIANG HUADONG ENGINEERING CONSULTING CO.,LTD

浙江华东工程咨询有限公司隶属于中国电建集团华东勘测设计研究院，公司成立于1984年11月，具有工程监理综合资质、水利工程施工监理甲级、工程咨询甲级、招标代理甲级、地质灾害治理工程监理甲级、人防工程监理乙级、政府投资项目代建等资质，是以工程建设监理为主，同时承担工程咨询、工程总承包、项目管理、工程代建、招标代理等业务为一体的经济实体，注册资本金3000万元。

公司始终坚持以"服务工程，促进人与自然和谐发展"为使命，秉持做强做优、做精品工程的理念，在工程建设领域发挥积极作用。公司的业务范围主要以工程咨询、监理、项目管理等高技术、高素质服务为支柱，以水电水利工程、新能源工程、市政交通工程、房屋建筑工程、基础设施工程、环境保护工程为框架，形成多行业、多元化发展战略体系。业务区域跨越了浙江、江苏、福建、安徽、广东、广西、海南、西藏、四川、云南、重庆、湖北、湖南、山西、河北、天津、内蒙古等省市以及越南、柬埔寨、印度尼西亚、津巴布韦、安哥拉等海外国家。

公司现有员工1000余人，其中教授级高级工程师28名、高级工程师203名、工程师395名、助理工程师213名；拥有国家注册建筑师3人、结构工程师6人、土木工程师10人、一级建造师38人、咨询（投资）工程师28人、造价工程师38人、安全工程师53人、招标师11人；国家注册监理工程师120人、水利部等行业注册监理工程师314人、总监理工程师98人、国家优秀总监理工程师2名、国家优秀监理工程师8名、省部级优秀总监理工程师45名、省部级优秀监理工程师192名。

公司长年以来坚持管理体制规范化、标准化、科学化建设，1997年通过质量体系认证，2008年通过质量/环境/职业健康安全"三合一"管理体系认证。公司遵循"守法、诚信、公正、科学"的职业准则，坚持以法治企，打造阳光央企，全面推行卓越绩效模式，实施公司治理和项目管理。

公司贯彻"以人为本，守法诚信，优质高效，安全环保，持续满足顾客、社会和员工的期望"的管理方针，发扬"负责、高效、最好"的企业精神，始终坚持"技术先导、管理严格、服务至上、协调为重"十六字方针开展工作。在参与工程建设过程中，公司赢得了一系列的荣誉，先后被中国建设监理协会授予"中国建设监理创新发展20年工程监理先进企业"、连续多年被评为"全国先进工程监理企业"、全国工程市场最具有竞争力的"百强监理单位"、全国优秀水利企业、中国监理行业十大品牌企业、中国建筑业工程监理综合实力50强、全国工程监理50强，浙江省首批用户满意诚信工程咨询单位、浙江省工商行政管理局"AAA守合同重信用企业"、中国水利工程协会"AAA级信用企业"，2008年被评为"杭州市文明单位"、2011年被评为"浙江省文明单位"。

公司所承担的工程项目先后获得国家级、省部级以上奖项近百项，其中：长江三峡水利枢纽工程荣获"菲迪克百年重大土木工程项目杰出奖""全国质量卓越奖"，福建棉花滩水电站和江苏宜兴抽水蓄能电站荣获中国建筑工程"鲁班奖"、云南小湾水电站和江苏滨海北区H1海上风电荣获国家优质工程金质奖，湖北清江水布垭水电站荣获中国土木工程"詹天佑奖"、国际坝工委员会授予"国际面板堆石坝里程碑工程奖"，广西龙滩水电站工程荣获"菲迪克百年重大土木工程项目优秀奖"、国际坝工委员会授予"国际碾压混凝土坝突出贡献奖"，云南澜沧江小湾水电站荣获国际坝工委员会授予的"高混凝土坝国际里程碑工程奖"，公司承担的众多基础设施项目荣获国家、行业、省市优质工程奖。

广西龙滩水电站

江苏东台海上风电　　　　澜沧江小湾水电站

清江水布垭水电站

浙江天荒坪抽水蓄能电站　　　雅鲁藏布江藏木水电站

杭州五老峰隧道　　　　杭州西溪华东园

江苏南京大胜关大桥

武汉泛悦城高层建筑　　　成都洺悦城市广场

长江三峡水利枢纽

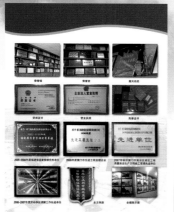
荣誉墙一瞥

海投建设监理代表业绩之海投大厦

厦门中心

新一代天气雷达建设项目海沧主阵地

海投建设监理最棒——海西建设奋勇向前!

厦门海投建设监理咨询有限公司

　　厦门海投建设监理咨询有限公司系厦门海投集团全资国有企业,成立于1998年,系房屋建筑工程监理甲级、市政公用工程监理甲级、机电安装工程监理乙级、港口与航道工程监理乙级、水利水电工程监理丙级、人防工程监理乙级国有企业。企业实施ISO9001:2008、ISO14001和OHSAS18001即质量/环境管理/职业健康安全三大管理体系认证,是中国建设监理协会团体会员单位、福建省工程监理与项目管理协会自律委员会成员单位、福建省质量管理协会、厦门市土木建筑学会、厦门市建设工程质量安全管理协会团体会员单位、厦门市建设监理协会副秘书长单位、厦门市建设执业资格教育协会理事单位、福建省工商行政管理局和厦门市工商行政管理局"守合同,重信用"单位、中国建设行业资信AAA级单位、福建省和厦门市先进监理企业、福建省监理企业AAA诚信等级、厦门市诚信示范企业、福建省省级政府投资项目和厦门市市级政府投资项目代建单位。先后荣获中国建设报"重安全、重质量"荣誉示范单位、福建省质量管理协会"讲诚信、重质量"单位和"质量管理优秀单位"及"重质量、讲效益""推行先进质量管理优秀企业"福建省质量网品牌推荐单位、厦门市委市政府"支援南平市灾害重建对口帮扶先进集体"、厦门市创建优良工程"优胜单位"、创建安全文明工地"优胜单位"和建设工程质量安全生产文明施工"先进单位"、中小学校舍安全工程监理先进单位"文明监理单位"、南平"灾后重建安全生产先进单位"、厦门市总工会"五星级职工之家""五一劳动奖状"单位等荣誉称号。

　　公司依托海投系统雄厚的企业实力和人才优势,坚持高起点、高标准、高要求的发展方向,积极引进各类中高级工程技术人才和管理人才,拥有一批荣获省、市表彰的优秀总监、专监骨干人才。形成了专业门类齐全的既有专业理论知识,又有丰富实践经验的优秀监理工程师队伍。

　　公司坚持"公平、独立、诚信、科学"的执业准则,以立足海沧、建设厦门、服务业主、贡献社会为企业的经营宗旨。本着"优质服务,廉洁规范""严格监督、科学管理、讲求实效、质量第一"的原则竭诚为广大业主服务,公司运用先进的电脑软硬件设施和完备的专业仪器设备,依靠自身的人才优势、技术优势和地缘优势,相继承接了房屋建筑、市政公用、机电安装、港口航道、人防、水利水电等工程的代建和监理业务。公司业绩荣获全国优秀示范小区称号、詹天佑优秀住宅小区金奖和广厦奖。一大批项目荣获省市闽江杯、鼓浪杯、白鹭杯等优质工程奖,一大批项目被授予省市级文明工地、示范工地称号。

　　公司推行监理承诺制,严格要求监理人员廉洁自律,认真履行监理合同,并在深化监理、节约投资、缩短工期等方面为业主提供优良的服务,受到了业主和社会各界的普遍好评。

地　　址:厦门市海沧区钟林路8号海投集团大厦15楼
业务联系电话:0592-6881025
电话(传真):0592—6881021
邮　　编:361026
网　　址:www.xmhtjl.cn

背景:滨湖花园

新疆昆仑工程监理有限责任公司

总经理 法定代表人 曹志勇

新疆昆仑工程监理有限责任公司。是一家全资国有企业，隶属于新疆生产建设兵团第十一师、新疆建咨集团，主营工程监理、项目管理及技术咨询。公司成立于1988年，是国家第一批试点监理企业，也是西北五省唯一一家工程建设监理试点单位。历经二十多年的奋斗，昆仑监理多次荣登全国监理企业百强排行榜，目前在全国7000多家监理企业中排名第15位，是新疆乃至西北地区监理行业的龙头企业。

昆仑监理在2011年由国家住建部批准为工程监理综合资质监理单位。目前公司共拥有10项资质，是新疆工程监理行业资质范围最为齐全、资质等级最高的企业。公司坚持"立足疆内，拓展疆外，挺进海外"的市场经营战略，不仅在自治区、兵团建筑业监理市场表现出色，并且进入福建、河南、青海、四川、海南、内蒙古等内地建筑监理市场，还成功走出国门，进入塞拉利昂、赞比亚等国家援外监理。

公司累计承接各类工程监理项目3000多项，在自治区标志性建筑、水利、路桥、电力、化工冶炼、市政等多个领域拥有丰富的工程监理经验。公司监理的7项工程荣获中国建筑行业工程质量最高荣誉——鲁班奖，是新疆获得鲁班奖最多的监理企业，先后获得广厦奖、钢结构金奖，百余项工程荣获省、市级优质工程——天山奖、亚心杯、昆仑杯，多项工程被评为国家、自治区、乌鲁木齐市"AAA级安全文明标准化工地"。公司连续八年被评为"全国先进监理企业"，先后获得全国"安康杯"竞赛优胜企业、"屯垦戍边劳动奖""关爱职工好企业""诚信守法企业"等光荣称号，拥有"全国文明单位"称号。

昆仑监理不断扩充精英骨干队伍，全力打造实力强大的监理团队。公司拥有一批优秀的总监和监理工程师，他们长期从事于本专业工作，既具有较高的学历和完善的理论知识，又有丰富的工程实践经验。目前公司拥有职称人数758人；拥有执业资格证15类，拥有国家各类注册工程师337人，480人次。凝聚成一支人员年龄结构合理、骨干队伍稳定、专业知识精通、整体素质较高的专业人才队伍。昆仑监理旗下拥有40多家分公司，抢抓机遇，拓展市场，依托先进的技术、人力资源和管理优势，形成了"建一项工程、交一方朋友、树一座丰碑"的昆仑特色理念和方法，得到行业高度认可。

昆仑监理秉承着"自强自立，至真至诚，团结奉献，务实创新"的企业精神，坚持"工程合格率100%，业主满意率100%"的目标，通过一大批有影响的工程推动监理改革、升级。公司监理了地窝堡国际机场T3航站楼、新疆大剧院、自治区人民会堂，新疆国际会展中心一、二期、地铁4号线、奥林匹克体育中心、自治区体育馆、软件园、维泰大厦、绿地中心、中石油联合指挥部等一大批地标性建筑，更参与了乌鲁瓦提水利枢纽、肯斯瓦特水利枢纽、石河子西（南）热电厂、精博公路、米东大道、阿塔公路、地窝堡国际机场互通立交、乌市外环路、豫宾路综合管廊等国家、自治区、兵团重点工程的建设，是新疆腾飞发展的有力见证人和参与者。

回首往昔，辉煌的成绩已成为过去，展望未来，奋发图强的昆仑监理人斗志昂扬。掌好资本的舵、扬起品牌的帆、厚植文化的魂，昆仑监理正朝着造就具有深刻内涵的品牌化、规模化、多元化、国际化的大型监理企业方向发展，以实力铸造品牌，紧跟国家"一带一路"发展的宏伟战略目标，凭专业知识与严谨的态度赢万分信赖，用辛勤汗水与赤诚的心血绘明日蓝图。

地　址：新疆乌鲁木齐市水磨沟区五星北路259号
电　话：0991-4637995　　4635147
传　真：0991-4642465
网　址：www.xjkljl.com

T3航站楼

兵团机关综合楼工程获2007年度"鲁班奖"

特变电工股份有限公司总部商务基地科技研发中心－鲁班奖

乌鲁木齐绿地中心A座、B座及地下车库工程

新疆大剧院

新疆国际会展中心

新疆人民会堂　　　　　中石油生产指挥中心－鲁班奖

背景：新疆国际会展中心

太钢技术改造工程建设全景

太钢冷连轧工程

俯瞰袁家村铁矿工程

山西震益工程建设监理有限公司

　　山西震益工程建设监理有限公司，原为太钢工程监理有限公司，于2006年7月改制为有限责任公司。是具有冶炼、电力、矿山、房屋建筑、市政公用、公路等工程监理、工程试验检测、设备监理甲级执业资质的综合性工程咨询服务企业。主要业务涉及冶金、矿山、电力、机械、房屋建筑、市政、环保、公路等领域的工程建设监理、设备监理、工程咨询、造价咨询、检测试验等。

　　公司拥有一支人员素质高、技术力量雄厚、专业配套能力强的高水平监理队伍，现有职工500余人。其中各类国家级注册工程师163人，省（部）级监理工程师334人，高级职称58人、中级职称386人。各类专业技术人员配套齐全、技术水平高、管理能力强，具有长期从事大中型建设工程项目管理经历和经验，具有良好的职业道德和敬业精神。

　　公司先后承担了工业及民用建设大中型工程项目500余个，足迹遍及国内二十多个省市乃至国外，在全国各地四千余个制造厂家进行了驻厂设备监理。有近100项工程分别获得"新中国成立六十周年百项经典暨精品工程奖""中国建设工程鲁班奖""国家优质工程——金质奖""冶金工业优质工程""山西省优良工程"、山西省"汾水杯"质量奖、山西省及太原市"安全文明施工样板"工地等。

　　依托公司良好的业绩和信誉，公司近年来连续获得国家、冶金行业及山西省"优秀／先进监理企业"称号、太原市"守法诚信"单位等。《中国质量报》曾多次报道介绍企业的先进事迹。

　　公司注重企业文化建设，以"追求卓越、奉献精品"为企业使命，秉承"精心、精细、精益"特色理念，围绕"建设最具公信力的监理企业"企业目标，创建学习型企业，打造山西震益品牌，为社会各界提供优质产品和服务。

焦炉煤气脱硫脱氰工程

2250mm 热轧工程

花园国际酒店

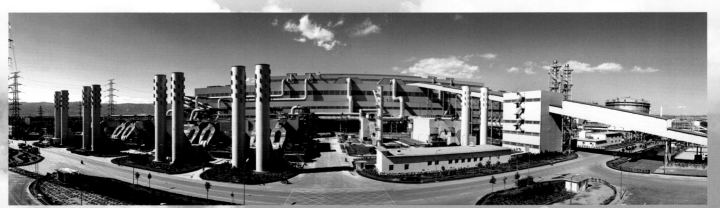
太钢新炼钢工程全景

山西神剑建设监理有限公司

山西大医院

山西神剑建设监理有限公司，于1992年经山西省建设厅和山西省计、经委批准成立，是具有独立法人资格的专营性工程监理公司。公司具有房屋建筑甲级、机电安装甲级、化工石油甲级、市政公用甲级、人防工程乙级、电力工程乙级等工程监理资质，以及山西省环境监理备案与军工涉密业务保密备案资格，并通过了ISO9001质量管理体系、ISO14001环境管理体系、GB/T 28001-2011/OHSAS职业健康安全管理体系三体系认证。子公司——山西北方工程造价咨询有限公司拥有工程造价、工程咨询双甲级资质。

公司注册资本1100万元，主营工程建设监理、人防工程监理、环境工程监理、安防工程监理、建设工程项目管理、建设工程技术咨询、项目经济评价、工程预决算、招标标底、投标报价的编审及工程造价监控等业务。

公司下设经营开发部、工程监理部、办公室、总工程师办公室、督查部、人力资源部、财务部、资产采购部等八个部室及工程造价咨询分公司，并依托山西省国防工业系统工程建设各类专业人员的分布状况，组建了近百个项目监理部，基本覆盖了全省各地，并已率先介入北京、内蒙古、河北、广东等外埠市场，开展了监理业务。公司在监理业务活动中，遵循"守法、诚信、公正、科学"的准则，重信誉、守合同，提出了"顾客至上、诚信守法、精细管理、创新开拓、全员参与、持续发展"管理方针，在努力提高社会效益的基础上求得经济效益。

山西省科技馆

公司现有建筑、结构、化工、冶炼、电气、给排水、暖通、装饰装修、弱电、机械设备安装、工程测量、技术经济等专业工程技术人员602人，现有注册监理工程师91人、注册造价工程师4人、注册设备监理工程师2人、一级建造师3人、二级建造师1人、环境监理工程师12人、人防监理工程师33人。

公司自成立以来，先后承担了千余项工程建设监理任务，其中工业与科研、军工、化工石油、机电安装工程、市政公用工程、电力工程、人防工程项目200余项，房屋建筑工程项目880余项。

太原幸福里项目

"优质服务、用户至上"是我们的一贯宗旨。公司十分重视项目监理部的建设和管理工作，实行总监理工程师负责制，组建了一批综合素质高、专业配套齐全、年龄结构合理、敬业精神强的项目监理部。人员到位、服务到位。近二十年来在我们所监理的工程项目中，通过合理化建议、优化设计方案和审核工程预结算等方面的投资控制工作，为业主节约投资数千万元。同时，通过事前、事中和事后等环节的动态控制，圆满实现了质量目标、工期目标和投资目标，受到了广大业主的认可和好评。

公司自1992年成立以来，承蒙社会各界和业主的厚爱，不断发展壮大，取得了一些成绩，赢得了较高的信誉。曾多次被山西省国防科工办、山西省住房和城乡建设厅、山西省建设监理协会、山西省建筑业协会、山西省工程造价管理协会、太原市住建委、市工程质量监督站、市安全监督站评为先进单位。但我们并不满足现状，将一如既往、坚持不懈地加强队伍建设，狠抓经营管理，奋力拼搏进取。我们坚信，只要将脚踏实地的工作作风与先进科学的经营管理方法紧密结合并贯穿在每个项目监理工作始终，神剑必将成为国内一流的监理企业。

伊甸城商住楼

地　址：山西省太原市新建北路211号新建SOHO18层
邮　编：030009
电　话：0351-5258095 5258096 5258098
传　真：0351-5258098 转8015
Email：sxsjjl@163.com
网　址：www.sxsjjl.com

中鼎物流园